오사카 교토나라

오세종/타카오카 쿠루미

In Sight

일본인의 숨겨진 1인치,

스토리텔링 콘텐츠와

자유여행지 추천

INSIGHT 일본
오사카 교토나라 문화여행

초판 1쇄   2017년 07월 01일

지은이   오세종, 타카오카 쿠루미
발행인   김재홍
디자인   이유정, 이슬기
교정·교열   김진섭
마케팅   이연실

발행처   도서출판 지식공감
브랜드   문학공감
등록번호   제396-2012-000018호
주소   경기도 고양시 일산동구 견달산로225번길 112
전화   02-3141-2700
팩스   02-322-3089
홈페이지   www.bookdaum.com

가격   15,000원
ISBN   979-11-5622-295-8 03980

CIP제어번호   CIP2017014317
이 도서의 국립중앙도서관 출판도서목록(CIP)은 서지정보유통지원시스템 홈페이지
(http://seoji.nl.go.kr)와 국가자료공동목록시스템(http://www.nl.go.kr/kolisnet)에서
이용하실 수 있습니다.

문학공감은 도서출판 지식공감의 인문교양 단행본 브랜드입니다.

The world is a book and those who do not travel read only one page.

- St. Augustine

세상은 한 권의 책이다.

여행하지 않는 사람들에게 이 세상은 한 페이지만 읽은 책과 같다.

일본에서 목표와 꿈이 생길 때
다루마의 한쪽 눈을 색칠해준다.
그리고 그 목표나 꿈이 이루어지면,
나머지 한쪽 눈을 색칠해준다.

CLASSIC
キリンクラシックラガー

日本,
どうですか

アルコール分4.5% 麒麟麦酒株式会社 製造年月旬・製造所固有記号

KIRIN BREWERY COMPANY, LIMITED

LAGER   BEER
KIRIN BEER
キリンビール

추천사

10대~50대까지 설득을 시키고, 공감할 수 있다. 친근한 생활의 지혜를 발견할 수 있다. 여행작가의 성실한 성격이 묻어있는 책, 힘들고, 지친 사람들에게 선물하고 싶은 책, 책을 받아보는 순간, 일본행 비행기에 탑승한 나를 발견하게 될 것이다.

– 김홍란, 오사카 레스토랑 대표

'이곳을 다녀왔노라' 약속한 듯 같은 장소에서 똑같이 찍은 인증샷이 대부분이다. 이 책의 제목을 읽었다면, 지금부터 당신은 진짜 일본의 참모습에 빠지게 된다.

– 장유진, 농협 계장 세일즈 매니저 강사

내가 본 일본과 남의 눈에 비친 일본이 이렇게 다를 수 있군요. 하루 25시간을 사는 오세종 작가님의 열정과 진지함이 묻어나는 책, 읽는 동안 즐거웠습니다.

– 강지원, 디크루 대표, 스마트폰 어플리케이션 제작

동일본 대지진의 침착한 대처에서 확인할 수 있었던 일본인의 배려문화와 질서정연함을 이 책을 통해 또 한 번 공감할 수 있었다. 다양한 장소에서 섬세하게 표현된 일본문화가 재미있다.

おもしろい

– 안혜진, 분당 EJ플러스 외국어학원 일본어 전임강사

새로운 체험을 위해 떠나는 여행이지만 그들의 진정한 사고와 삶을 보지 못하고 눈에 보이는 것만 보고 오는 자유여행이 많다. 패키지여행 혹은 찰나의 순간으로 인해 느끼지 못했던 오사카의 진솔하고, 소소한 모습을 내 눈앞에서 생생히 보여준다.

– 이승기, ㈜아트서비스 온라인 영화 마케팅

모든 회사는 Creativity(창의성), Branding(브랜딩), Marketing(마케팅)을 필요로 한다. 일본을 알면 돈이 보인다. 새로운 성공 아이템에 목마른 회사 기획자들에게 추천하는 일본문화 킬러콘텐츠의 인사이트 여행을 소개한다.

–서영익, 동국대학교 영상대학원 문화콘텐츠학과 박사과정

'스쳐 지나간 주위를 다시 관찰하면
새로운 콘텐츠와 창업 아이템이 보인다.'

어느 날 문득 생각지 않은 사람으로부터 꽃 한 다발을 배달 받은 적이
있나요? 꽃들이 말하는 수백 가지의 메시지가 머릿속에서 폭죽처럼 터지
며 행복한 기운이 온몸으로 번지는 기분을 맛본 적이 있나요?

마음을 기울이고 들여다보면 인생의 어느 순간, 어느 장면들 마다 한
송이씩의 꽃과 같아서 각각 다른 색깔의 메시지를 가지고 있는 것이 보일
것이다. 지금부터 펼쳐 보이려는 사람들의 이야기는 사소한 것 같지만 보
기에 따라 멋진 메시지가 담긴 한 송이씩의 꽃들이다. 이것들을 다발로 묶
어 당신에게 드리고자 한다.

사소해 보이는 일본풍경들 속에 잠시 눈길을 멈추어 보라. 결코 사소하
지 않은 무엇이 보이기 시작했다면 당신은 이제부터 무심이라는 깊은 잠에
서 깨어나 일본 인사이트 여행을 시작할 수 있어진 것이다. 일상 속에 담
겨진 일본인 성공 소자본 창업 아이템을 볼 수도 있을 것이다. 모든 살아
있는 것과 살아있지 않은 것들에서조차 그 곳에 놓여 있음의 이유를 찾을
수 있을 것이며, 매 순간 자기의 인생을 즐길 수 있을 것이다.

일본 사람들의 삶 속에서 녹아있는 행동, 습관, 가치관을 사진과 함께
보여준다. 그 속에 묻어 있는 일본의 특유한 일본 문화 킬러콘텐츠, 소자
본 창업아이템 그리고 자유여행지도 함께 추천한다.

"はじめまして"

생각을 지우고, 새로운 감각을 채우는 인사이트 여행. 무한 상상을 이끌어내 보자. 마음껏 멋대로 상상해도 좋다.

'인생은 1년, 365일, 8760시간, 525,600분, 31,536,000초, 생각하고 실천하며, 사람을 만날 수 있어서 달콤하다.'

이 책의 영감은 한양대 국제관광대학원 손대현 교수님의 수업과 재미학 콘서트 도서를 통해 출발하게 되었다. '재미학 콘서트'는 21세기는 재미가 좌우한다고 하시면서 세상의 모든 재미를 팔도락(八道樂)으로 정리했다. 팔도락(八道樂)은 행도락(行道樂), 식도락(食道樂), 기도락(氣道樂), 면도락(道眠樂), 뇌도락(腦道樂), 소도락(笑道樂), 음도락(音道樂), 통도락(通道樂) 중에서 5개의 락을 여행에 접목 시켜서 재미를 느끼게 했다. 손대현 교수님은 항상 열정이 넘치시며, 현재는 국제슬로우시티연맹 부회장(한국슬로시티협회 이사장)으로 활동을 하고 계신다. 손대현 교수님 감사합니다. 이 책은 기존의 일본 여행책과 다른 새로운 시각에서 바라보기 때문에 출판사 입장에서는 출간을 진행하기가 쉽지 않았을 것이다. 여행을 통해 즐기는 것만이 아니라 그 나라의 생각, 행동을 엿볼 수도 있는 새로운 시도였다. 지식공감의 김재홍 대표님 덕분에 출간하게 되었다. 감사합니다. 또한, 일본을 방문하기 위해 이용한 대한항공, 아시아나항공, 제주항공, 피치항공의 승무원, 조종사 분들에게 안전하게 좋은 서비스를 해주셔서 감사합니다.

그리고 이 책을 쓰기 위해 일본 오사카를 방문할 때 지금의 장모님을 만나게 되었으며, 40년 이상의 일본 이야기를 들려주셔서 감사합니다. 그 인연을 시작으로 딸, 쿠루미 타카오카를 만나 결혼까지 하게 되어서 정말 행복합니다.

ありがとうございます。

아버지, 어머니, 오은영누나, 오세철동생, 장인어른, 장모님 그리고 가장 사랑하는 아내 쿠루미 타카오카(최유미) 너무 고마워요. 존경합니다.

'올라(태명)'!! 우짱(오우석)!!

아들, 건강하게 태어나서 고마워요~

타카오카 쿠루미(たかおか くるみ)가 한국생활 초기에 항상 외치던 말이다.

"한국어로 말 걸어오는 한국 사람들이 무서워."

"빨강색 음식은 보기도 싫어."

"모든 한글이 그림처럼 보여."

쿠루미는 일본 오사카에서 30년을 살다가 한국으로 유학 왔다. 일본에서 8년 넘게 젤 네일아티스트로 활동했던 그녀는 연세대 어학당에서 한국어를 배우는 것으로 한국 생활을 시작했다. 처음 두 달 정도는 친구가 없었다. 한국어 수업이 끝나면 곧장 집으로 돌아가 혼자서 밥 먹고, 혼자 일본 TV를 보았다.

"외롭다. 쓸쓸하다. 일본으로 돌아가고 싶다."

날마다 그렇게 외치던 그녀가 한국어로 옹알이 같은 말문을 열기 시작하면서 드디어 한국생활에 조금씩 재미를 붙이기 시작했다. 언어를 통해 한국 문화를 배우고, 직접 몸으로 체험하기에 이른 것이다.

그녀가 발견한 두 나라의 다른 습관

– 한국은 젓가락을 십일자(11자) 모양으로 놓는다. 일본은 등호(=) 모양으로 놓는다.

– 한국은 밥그릇을 식탁에 놓고 먹지만, 일본은 밥그릇을 왼손에 들고 먹으며 먹기
  전에 항상 두 손 모아 외친다. "이타다끼마스(いただきます)"

서로 태어난 곳이 달라 행동의 차이가 있지만, 따뜻한 마음은 어느 나라 사
람이나 똑같다. 어느 날, 남대문 쇼핑 중에 그녀가 의아한 표정으로 물었다.

"왜 한국에는 레즈비언(lesbian)이 이렇게 많아?"

"레즈비언이라니? 왜 그렇게 생각했어?"

"다정하게 손잡고 다니는 여자커플들이 너무 많잖아."

"하하! 저건 그냥 친구야. 한국의 문화지. 서로 친해서 손잡고 다니는
것뿐이야. 엄마와 딸이 손잡고 다니는 것과 다르지 않아."

쿠루미의 눈에 생소하게 비친 한국인의 모습, 사소한 행동이지만 그 안
에 우리의 정서가 담겨 있는 것처럼 일본도 마찬가지다. 여행을 통한 만난
사람들과 대화는 그동안 보이지 않았던 것들을 하나하나 깊이 들여다 볼
수 있게 만들어준다. '배려 하는 일본' 그 원동력은 작은 문화 지식이 쌓이
고 쌓여서 문화콘텐츠로 이룩된 것임을 새삼 깨닫게 되었다.

이 책에서는 비즈니스에 필요한 통찰력을 말한다. 여행할 때도 통찰력
있게 사물, 사람을 보라는 것이다. 일본인의 숨겨진 1인치을 찾아 볼 수
있으며, 그들의 스토리를 들어보자. 또한, 자유롭게 그 여행지를 찾아가보
자는 메세지를 담고 있다.

"이타다끼마스(いただきます)"

Contents

Contents

Part 05
일상의 즐거운 일본 문화심리

부록

재미있고 돈 되는 아이디어 상품 BEST 12

01 빵

빵을 여성의 가슴에 본떠, 재미있게 표현한 빵이다. 멋진 복근! 빵의 융기 한 부분을 잘 이용했다.

02 구입한 야채들의 장 속

쇼핑백 속에 훤히 보이는 야채들! 어디에 어떤 야채가 있는지 학인이 금방 가능하다.

03 뒤에서 보이지 않는 수정테이프

수정테이프를 사용해도 종이 뒤에서는 무슨 글씨였는지 보였던 불편함! 이제는 특수문자 비밀테이프로 지워도 뒤에서 보이지 않는다.

04 개인정보 보완 가위

회사 기밀 유출 방지뿐만 아니라 가정에서도, 개인 정보 유출 방지에! 은행 명세서 및 영수증 등을 최소 약 3.5mm 모서리 재단, 개인 정보 보호 비밀을 지킬 수 있다. 컴팩트 한 가위 형이므로 쉽게 사용할 수 있고, 휴대하기 편하고 수납 장소도 따지지 않는다.

05 전자책 스탠드

장시간 아이패드나 책을 누워서 보기 힘들다. 앉아서나 누워서 볼 수 있는 책 스탠드다.

06 사과 껍질 깎기

오렌지, 자몽 등 껍질을 쉽게 벗길 수 있다. 칼 필요 없이 깨끗하게 깎자.

07 권총 알람시계
누구라도 깨지 않을 수 없다.
과녁을 명중해야만 한다.

08 휴대용 스타일링 다리미
난 어디서든 칼주름! 건전지 2개
나 USB로도 충전이 가능하다.

09 빵데파크
빵 + 데코레이션의 줄
임말이다. 식빵을 다양한 모양의
샌드위치를 만들 수 있다.

10 퀴크에그보이라
계란 모양의 용기에 물을 채우
고, 계란 하나를 넣어보자. 다이어트 할
때 유용하다.

11 오리타타미마나이타
편리하게 접히는 접이식 도마! 도마에서 썬 재
료들을 냄비에 잘 넣기 위한 도마이다.

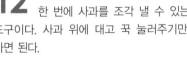

12 애플커터
한 번에 사과를 조각 낼 수 있는
도구이다. 사과 위에 대고 꾹 눌러주기만
하면 된다.

13 전자레인지로 스파게티면 삶기
전자레인지로 간단하게 스파게티면을
삶을 수 있다.

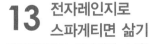

#1
japan culture story

Travel and change of place impart new vigor to the mind.
— Seneca

세계와 장소의 변화는 우리 마음에 활력을 선사한다.

Part

01

배려의 즐거운 일본문화심리

직접적으로 표현하기, 적극적으로 배려하기, 소극적으로 배려하기, 간접적으로 배려하기, FTA(face-threatening act)하지 않기로 정의하고 있다. 배려(配慮, はいりょ)는 성공을 부르는 밥(御飯, ごはん)이다.

누구를 위한 배려인가?  일본의 자전거

치마 입고 자전거 타는 그녀, 누구를 위한 배려인가?
바지보다 자전거 타기에 편해서?
아니면 남자들의 눈을 위한 배려인가?

그녀들은 말한다. 당치 않은 말씀이라고.
그녀들이 내놓은 이유는 검소와 편안함이다.
치마를 입었건 바지를 입었건 구애받지 않고 자전거를 교통수단
으로 이용한다는 데에 초점을 맞추어 보시기 바란단다.

전철역 주변에는 자전거 주차로 꽉 차있다. 교통망이 유난히 발달한 나라인데도 일본에선 많은 사람이 자전거를 이용한다.

바로 이것이 일본을 이끌어가는 힘 중에 하나다.
차비 절약, 환경오염 방지, 건강관리까지 한방에 해결할 수 있으니 말이다. 자전거 생활화는 일본인들의 습관이다.
한국의 자전거는 아직 운동 개념이 더 강해서 일부러 시간을 내서 타는 경우가 더 많다.

우리의 자전거에 대한 인식을 바꾸어 볼 필요가 있지 않을까?

쿠루미(くるみ) Tip

일본에서 자전거는 혼자 타야 한다. 2명이 함께 타는 것은 규칙 위반이다. 이유는 위험하고, 남에게 피해를 줄 수 있기 때문에. 일본에서 자전거를 살 때, 분실을 예방하기 위해서 자전거에 고정 번호를 부여해 준다.

路上喫煙禁止地区

No-smoking zone

노상흡연 금지지구

"노상흡연 금지지구?"

얼마나 많은 한국인이 노상에서 담배를 피우기에
한국어 문구까지 넣어 붙여진 것일까?
일본말을 모르는 한국인에 대한 배려인가?
길거리 바닥에 붙여진 글귀를 발견할 때마다
슬며시 얼굴이 붉어진다.

지역마다 차이가 있지만,
일본에선 길을 걸어가면서 담배 피우는 것을 금하고 있다.
흡연에 대한 일본인들의 관습은 생각보다 개방적이다.
이들은 부모님과 마주 앉아 담배 피우는 것이 자연스럽다.
직장 상사나 선배 앞에서도 마찬가지다.
윗사람 앞에서 흡연하는 것이
예의가 없는 행동이 되는 우리의 문화와는 차이가 있다.

전철역 앞, 흡연구역에서 흡연을 한다.

배려를 넘는 헌신

배려를 넘는 헌신이다.
할머니가 유모차에 가득 싣고 가시는 것은
아기가 아니라 식빵이다.

수십 마리의 오리를 먹이기 위한 식량인 것이다.

"오리들아! 할머니의 배려 넘치는
헌신의 식량을 먹고 무럭무럭 자라렴."

쿠루미(안해)
Tip

일본에선 노인의 90%가 연금을 받아 생활한다.
젊은 사람들 중에는 일하는 빈곤층(열심히 일을 해도 저축을 하기 빠듯할 정도로
형편이 나아지지 않는 계층)이 꽤 많은 편이지만, 노후 보장이 되니 다행이다.

손님 부르는 고양이 마네키네코

손님 부르는 고양이 마네키네코(招き猫, まねきねこ)
고양이가 왼손을 들면 사람이 모인다.
일본인들은 고양이 손에도 의미를 부여하여
스토리를 만들었다.
마네키네코의 스토리텔링으로
'일본' 하면 고양이를 떠오르게 한 것이다.

이 손 흔드는 고양이 인형은 어딜 가나 손님맞이에 여념이 없다.
식당이나 상점마다 입구에
손을 흔들고 있는 고양이가 놓여있는 것을 볼 수 있다.

쿠루미(クるみ)
Tip

마네키네코는 마네쿠(불러들이다)와 네코(고양이)가 합쳐져서 붙여진 이름으로
복을 불러들이는 고양이로 통한다.
왼손 들고 있는 고양이는 손님과 친구를 불러들이고 오른손 들고 있는 고양이는 돈
과 재산을 불러들인다고 일본인들은 믿고 있다.
또, 하얀 고양이는 운수, 검정 고양이는 건강, 빨강 고양이는 병을 치유해준다고
한다.

마쯔리-하나비 불꽃놀이

나의 가족을 위해 소원을 빈다.
나의 애인을 위해 소원을 빈다.
마지막, 나를 위해서 소원을 빈다.

나의 스트레스는 불꽃이 터지면서
하나씩, 하나씩 사라진다.

전 국민의 스트레스가 사라지는
그날을 위해서 많은 불꽃을 터트린다.

구루미(८३버)
Tip

http://hanabi.walkerplus.com
여기서, 일본 불꽃축제 일정을 체크하자.
일본인의 불꽃축제는 큰 행사 중에 하나이다. 자리를 맡기 위해서 전날에 오는 경
우도 많다. 맥주, 간식을 한가득 챙겨오는 소풍과 같다.
한국 여의도 불꽃축제보다 더 복잡하지만, 아름다운 정경우 더 크다.

파칭코와 슬롯머신의 천국

인생엔 언제나 한 방이라는 변수가 있다!
대개 패가망신이라는 검은 홀이 기다리고 있기 마련이지만…
당신에겐 스트레스를 날릴 때 이용하는 오락에 불과하다.

일본은 파칭코와 슬롯머신의 천국!
담배 냄새보다 커피의 향기가 가득한 파칭코 카페까지 생겼다.
탁하지 않은 환경 속에서 게임에 더 몰입하게 만드는 효과를 낸
다. 비흡연자가 담배 냄새에서 탈출할 수 있게 만든 주인의 배려
이다. 게다가 개인 일회용 마스크까지 챙겨주고 있다. 비가 내릴
때는 우산까지 제공한다.

구루미(Qㄹㅐ)
Tip

파칭코(パチンコ)는 일본 최대의 레저산업이며, 공인 도박이다. 2007년 말 통계에
의하면 연간 매출액이 약 29조 4400억 엔(약 400조 원)에 달하며 이 일에 종사하는
종업원 수가 44만 명이나 되는 엔터테인먼트 산업이라고 한다.
한류 드라마 겨울연가와 한국 배우들의 사진을 파칭코에서 볼 수 있다. 파칭코로
어마장자가 된 재일 교포로는 평화 공업사의 정동필(나카지마 겡키치) 사장은 1941년
일본으로 건너가서 파칭코를 시작했다. 또한, '쓰리세븐'의 한창우 사장은 1945
년 해방 이후 일본으로 건너가서 파칭코로 부를 이루어 낸 재일 교포로 유명하다.

관광의 시작, 인력거

좁은 골목, 오르막, 내리막을 힘차게 달리는 일본 인력거.
구릿빛 젊은 청년이 직접 끌어주고,
가이드처럼 설명까지 해준다.
영어와 일본어 중 선택이 가능하다.
일반 가이드하고는 전혀 다른 맞춤 가이드.
그들의 문화를 한 명, 한 명 직접 설명해주는
문화인들이라 할 수 있다.

관광에 대한 만족의 깊이는
인력거를 통해서 관광의 깊이를 뼛속까지 체험하게 해준다.
인력거의 숨소리가 점점 거칠수록
관광에 대한 만족의 깊이는 더 깊어진다.

구루미(こうみ)
Tip

인력거(人力車)는 인간의 힘으로 끌어서 이동하는 교통수단의 한가지이다. 한국
소설의 '운수 좋은 날'에서 남자의 직업이 인력거꾼이었다.

호감형 대머리 아저씨들 코미디 공연장

대머리라는 핸디캡을 오히려 상품으로 개발해
두 마리 토끼를 잡고 있다.
손님에게 웃음을 줌으로써 자신에 대한 호감도를 높이고 상품
의 판매도 올렸다. 주인을 닮은 대머리 캐릭터 과자를 사는 사
람들의 표정이 즐거운 까닭은 여기에 있다. 웃음을 먼저 팔고,
그다음에 과자를 파는 아이디어가 돋보인다.
대머리 캐릭터에 스토리를 부여하여 그 재미를 더하고 과자의
맛 또한 신경을 써서 이 노점을 다녀가는 손님들은 세 번 웃는
다. 캐릭터에 한 번 웃고, 주인아저씨의 익살에 한 번 웃고, 맛
에 한 번 더 웃는다.

쿠후미(くちみ) Tip

대머리는 일본말로 하게(はげ)라고 한다.
Namba Grand Kagetsu(코미디 공연장) 앞 노점상에 가면 대머리 아저씨와 주인을
닮은 과자의 맛을 볼 수 있다.
이 코미디 공연장은 일본의 유명 코미디언이 배출되는 곳이기도 하다.
개그맨 지망생이나 일본 개그를 보고 싶다면 꼭 들러보기 바란다.
가끔 무료 공연도 하니 참고하도록 하자.

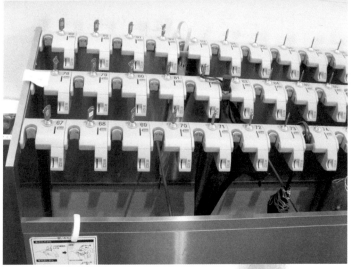

사소한 공간을 채우는 우산

"지금 빗속으로 걸어가는 내겐 우산이 없어요!"

우산은 비를 가리기 위한 물건이기도 하지만
수많은 사연들과 추억을 만드는 매개체가 되기도 한다.
누군가에게는 특별한 것일 수도 있는 우산을
잃어버린다면 어떤 기분일까?

방문자의 속마음까지 이해하는 우산 꽂이.
사소한 것 같지만 절대 사소한 것이 아니다.
거기에는 방문자에 대한 배려가 담겨있다.

우산을 꽂아두고 딸깍 잠가 두면 잃어버릴 염려가 없으니 마음
편하지 않겠는가. 우산은 낡아서 버리는 일보다 들고 다니면서
분실하는 경우가 더 많다. 분실을 최소화하고, 손님으로 하여금
방문 목적에 집중할 수 있게 하는 것이다.
유명 호텔, 온천, 식당, 클럽 등 여러 장소마다 우산을 꽂을 수
있는 곳이 많다. 작은 배려지만, 손님을 사소한 것까지 편안히
모시겠다는 업주의 태도를 읽을 수 있게 한다.

남자야? 여자야? 도톤보리

"그 호기심 어린 눈빛, 너무 직설적인 거 아닌가요?
나, 남자 맞아요."

여자보다 더 예쁜 남자.
찌는 듯한 여름인데도 부츠를 신고 있다.
남다른 스타일을 위한 것일까?
아니면, 발을 따뜻하게 하는 건강 요법인가? 어느 것이면 어떠
랴. 개성과 멋을 추구하기 위한 노력으로 보자. 볼거리를 제공하
고자 하는 젊은 친구들의 행인을 위한 배려일 수도...

구루미(ぐるみ)
TIP

도톤보리(道頓堀, どうとんぼり)는 오사카의 맛집들과 쇼핑몰이 함께 있는 곳이다.
음식점 앞에 크게 묘형, 복어 묘형 등 눈을 끄는 간판들이 눈에 띈다.
남바 역(Namba)이나 신사이바시 역(Shinsaibashi)에 내려서 지붕이 덮여있는 중심가
로 들어가 보자.
▶ナンパ(난파)는 헌팅을 뜻한다. 주로 남자들이 거리에서 처음 본 여자에게
  데이트를 신청하는 행동을 말한다.

파출소 앞 문지기 ◦아메리카무라◦

아메리카무라(アメリカ村)의 파출소 앞을 지날 일이 있으면
문지기에게 길을 물어보라.
그가 얼마나 소명의식을 가지고
여행자들의 나침반이 되고 있는지 알게 될 것이다.

길을 묻는 여행자가 있어서 안내자라는 일을 가질 수 있게 된
것에 행복해하고 있는 그를 보면, 그가 가르쳐준 길을 걸으며
당신도 행복해질 것이다. 그는 햇볕에 조금 바랜 지도를 가리키
며 갈 곳을 알려준다. 아메리카무라 파출소 창문에 붙여진 지
도와 문지기를 그냥 지나치면 일본여행길에 맛볼 수 있는 작은
배려를 놓치는 일. 길을 알더라도 잠시 멈추어 서서 인사라도
나누자.

구루미(クるみ)
Tip 4

아메리카무라(アメリカ村)는 지하철 신사이바시 역에서 가깝다.
이곳은 한국의 홍대와 비슷하다.
젊은이들의 의류 쇼핑몰과 클럽이 많아 인파가 끊이질 않는다.

소원성취 메모

"Dreams Come True, I have a dream"

소망은 남기고, 추억은 가져가는 장소다.
발길을 멈추고 잠시 소망을 떠올려 메모한 다음
떨어지지 않도록 꼭꼭 매달아 둔다.

내 발자취가 스쳐 간 여행길 어느 대목에서
나를 위해 기원하고 있는 쪽지 하나.

집으로 돌아와 일상에 파묻혀 있는 동안에도
여전히 여행길에 남은 내 소원 하나.

같은 눈높이 종업원 일본의 비지니스 매너

당신의 말을 귀기울여 듣겠습니다.
원하는 것이 무엇입니까?
손님을 배려하는 비즈니스 마인드가 돋보인다.
사소하게 흘려버릴 수 있는 대목에 신경을 씀으로써 대접받는
사람의 마음을 충족감으로 차오르게 하는 배려다.

누구라도 서로 눈높이를 맞춘다는 것은 좋은 일이다.
아이 앞에서 아이 마음 되기, 손님 앞에서 손님 마음 되기를 실
천하는 일. 그것이 바로 배려다. 아름다움이다.

구루미(Cゐみ)
TIP

눈높이를 맞추는 것은 일본 비즈니스 매너의 한 예에 불과하다.
일본에서 의류샵, 헤어샵, 네일샵에서 점심식사를 할 때 손님이 보이는 곳에서
먹지 않는다. 혼자 방에서 먹든지 밖에서 먹곤 한다.
한국에서 가끔 카운터나 손님이 보이는 테이블에서 종업원이 식사하거나 간식을
먹는 모습을 보게 되는 경우가 있는데, 아주 극히 사소하다고 생각하지만, 이런
점들이 일본과 다른 점이 아닐까. 일을 할 때 핸드폰을 꺼두어야 하는 건 말하지
않아도 누구나 실천하는 일이다.

나에게 쓰는 부메랑 편지  우체국

여행의 순간순간을 편지로 남겨본다.

지금 이 순간을 적기도 하고,

가까운 미래의 나에게 조언과 힘이 되는 명언을 적어본다.

그 지역의 특색 있는 엽서를 사서,

그 지역 우체국에 들러서 발송을 해본다.

나라별, 지역별, 우체국 체험도

또 다른 여행의 재미를 느낄 수 있다.

보통 1~2주 정도 후에 한국으로 도착한다.

여행이 끝나고, 잊고 있었던 행복한 여행의 추억을

다시 느끼게 해주는 부메랑 여행편지.

쿠루미(Cami)
Tip

이사를 했다면 일본 우체국에 변경된 주소를 신청하자.

이전 주소의 모든 우편물이 변경된 주소로 발송된다. 이사를 하면 통신비, 교육비, 카드비용 등 주소 변경이 필요해진다. 각각의 기관마다 주소 변경은 너무 귀찮은 일이다. 일본 우체국에서는 1년 동안 변경된 주소지로 우편물을 발송해준다. 1년씩, 연장하면 된다.

길 위 가수 `텐지노 공원`

작은 희망의 길 위 가수들. 공중파 방송만 무대가 아니다.
일본의 길거리는 젊은 가수들의 꿈과 실력이 자라는 곳이다.

텐노지 역 육교 위를 여유를 가지고 천천히 걸어보라.
행인의 발길을 잡는 음악 소리가 끊임없이 들려오는 곳이다.
리듬에 몸을 맡기고 그들과 소통해 보기 바란다.

젊은 꿈을 향해 박수도 쳐주고,
함께 목소리를 내어 노래도 불러보면
여행길의 고단함이 슬며시 풀릴지도 모를 일이다.

구루미(C.H)
Tip ✿

렌노지 공원은 오사카 남쪽 번화가인 텐노지 역 앞에 위치한 도심 속 유료공원이
다. 동물원도 함께 있으니, 시간적인 여유가 있다면 한번 둘러보는 것도 좋을 듯
하다.

ATTRACTIONS

WAIT TIME 待ち時間

Attraction	Wait Time
E.T. ADVENTURE - THE LEGEND E.T. アドベンチャー ザ・レジェンド	
HOLLYWOOD DREAM THE RIDE ハリウッド・ドリーム・ザ ライド	80 min
BACK TO THE FUTURE THE RIDE バック・トゥ・ザ・フューチャー・ザ・ライド	70 min
BACKDRAFT バックドラフト	30 min
JURASSIC PARK THE RIDE ジュラシック・パーク・ザ・ライド	【シングル】
JAWS ジョーズ	終日運休
PEPPERMINT PATTY'S STUNT SLIDE ペーパーミント・パティ・スタント・スライド	45 min
SNOOPY'S GREAT RACE スヌーピー・グレート・レース	35 min
THE AMAZING ADVENTURES OF SPIDER MAN THE RIDE アメージング・アドベンチャー・オブ・スパイダーマン・ザ・ライド	40 min

SHOWS SHOW TIME ショー一覧表

ANIMATION CELEBRATION
アニメ・セレブレーション

MAGICAL STARLIGHT PARADE
マジカル・スターライト・パレード

SESAME STREET 4-D MOVIE MAGIC

SHREK'S 4-D ADVENTURE
シュレック・4-D・アドベンチャー

TERMINATOR 2:3D
ターミネーター・2・3-D

WATERWORLD
ウォーターワールド

WICKED
ウィケッド

TOTO & FRIENDS
トト & フレンズ

UNIVERSAL LIVE ROCK
エニバーサル

STUDIO INFORMATION
スタジオ・インフォメーション

PETER PAN'S NEVERLAND
ピーターパンのネバーランド

休演

EXPRESS UNIVERSAL EXPRESS PASS BOOKLET

THESE ATTRACTIONS HAVE A HEIGHT RESTRICTION
アトラクションは身長制限を設けています

기다림의 즐거움 유니버셜 스튜디오

끝이 언제인지를 알고서 기다리는 시간은 즐겁다.
그 끝이 언제가 될지 모르고 기다리는 것과는 분명한 차이가 있다.
기다리는 시간까지 설레임과 행복감으로 채워주는
오사카 유니버셜 스튜디오!

구루미(CJ귀)
TIP

오사카 유니버셜 스튜디오는 미국 최초의 옥외형 테마파크입니다.
할리우드 영화를 체험하고, 캐릭터들을 만날 수 있는 곳이죠.
유니버셜 익스프레스 패스를 구입하면 전용 입구를 통해 기다림 없이 바로 입장이
가능해요. 일반 티켓보다 조금 더 비싸지만, 시간도 절약되고 여러 가지를 탈 수
있는 장점이 있어요.

내가 가는 길이 곧 길이 된다

"껍질을 보지 마라, 안에 들어 있는 것을 보라."

– 탈무드

"The fool wanders, a wise man Travels."

– Thomas Fuller

바보는 방황하고, 현명한 사람은 여행한다.

쿠루미(くるみ)
Tip ✿

쿠사미는 작은 간이역으로, 유명지는 아니지만 서민들의 향기가 물씬 풍기는 곳
이다. 발음을 주의하자. くさみ [臭み]
물건이나 사람 특유의 불쾌한 냄새나 안 좋은 느낌의 의미를 가지고 있다.

분위기 업 클러버 일본 클럽

클럽 안으로 들어온 사람들이여,
마음의 문을 열어라.
거북한 체면의 옷일랑 벗어 던지고
DJ 음악에 맞춰 리듬을 타라.

거친 파도의 비트를 느낄 땐 거칠게,
부드러운 물살의 리듬으로 바뀔 땐 부드럽게 유영하라.
푸른 지느러미를 펼치고 물 만난 샤크처럼.
마구 자극적이게, 몹시 섹시하게 몰입해 보라.

구루미(3th)
Tip ✩

WhynotJapan Town Guide 책자는
오사카, 교토, 고베의 지역, 활성 사이트이다.
매월 파티, 클럽의 행사를 확인할 수 있고, 영어도 공부할 수 있다.
WhynotJapan.com으로 검색해보자.

일본인에 대한 선입견 단짝친구

이지메(왕따) 시키는 일본인
뒷담화를 잘하는 일본인
거절을 못 하는 일본인
직설적 표현을 못 하는 일본인
배려를 잘하는 일본인

어느 나라에서나 있는 사람의 유형들이다.
언어와 문화의 차이가 있을 뿐이다.
어느 나라의 문화가 옳고, 그름을 판단할 수 없다.
있는 그대로 받아들이자.

구루미(くるみ)
TIP

とも-だち [友達]; 친구, 벗
일본 여학생 교복은 패션이다. 전국 지방별 교복 스타일이 다르다.
▶ 가쿠란(がく-ラン [学ラン]): 일본 남자 교복으로 검은색에 단추만 박혀있
는 형태이다. 상의가 좀 길다. 차이나 스타일의 자켓이다.

볼링장 신발은 셀프

볼링장 신발은 셀프서비스!
300엔으로 직접 선택한다.
반납은 자판기 안에 넣으면 끝이다.

일본은 모든 것이 자동화, 간편화로 이뤄져
쓸데없는 시간과 금전을 낭비할 틈이 없다.

구루미(ぐるみ)
TIP

볼링 ボウリング(bowling)

#2

japan culture story

The Journey is the reward. - Steve Jobs

여정은 목적지로 향하는 과정이지만, 그 여정이 바로 보상이다.

Part 02

여행의 즐거운 일본문화심리 (교통)

여행(旅行)은 반복되는 일상을 떠나 자유의지를 가지고 나만의 시간 속으로 걸어 들어가는 일이다. 평상시 잠재되어있던 오감까지 깨워 낯선 삶들을 만나고, 다른 이들의 희로애락(喜怒哀樂)을 함께 느끼고, 새로운 세상을 하나씩 배워나가는 일이기도 하다. 여행이라는 일탈의 시간을 통해 감지한 모든 것들이 내 일상에 에너지가 되고 있음은 말할 것도 없다.

여행에서 만나는 사람, 장소, 건물, 표시판 등을 통해 여러 가지를 배울 수 있다. 나의 정체성을 찾기도 하고, 국제적인 감각을 익히기도 한다. 또한, 시각의 폭을 늘릴 수 있으며, 새로운 아이템을 찾아낼 수도 있다. 여행자가 어떻게 생각하고, 받아들이냐에 따라 얻는 정도가 다르다. 때론 크게 때론 작게 다가올 수 있기 때문이다.

구름 위의 산책

여행지에서 만난 것 중에 가장 아름다운 것은 역시 사람이다.
출발하는 비행기 안에서 옆자리의 사람에게 인사를 건네는
것으로 새로운 만남과 설렘은 시작된다.

티 없이 푸른 하늘에 깔려있는 흰 구름을 보면 거기서부터 내 마음은 초기화된다. 이제부터는 사진과 노트에 스쳐 지나가는 감동들을 최대한 담아 두기로 한다.

창 밖으로 펼쳐진 구름 사진 찍는 놀이를 놓칠 수 없기 때문에 창가 자리를 차지하는 것이 기본이다. 창가 자리에 앉지 못하게 되었을 때는 찾아 나서면 된다. 사진을 찍기에 가장 좋은 곳은 역시 비상구 쪽이다. 밤이라면 야경을 찍을 수도 있고 승무원과 이야기를 나눌 수 있다는 이점도 있다.

기회가 주어진다면 나는 이런 것들을 물어보고 싶다.

"승무원 일을 하면서 가장 보람된 일은 무엇입니까?"

"당황스러웠던 적은 언젠가요?"

"승무원이 되면 가장 하고 싶은 것이 무엇이었나요?"

승무원마다 각자 다른 답변들을 할 테니 기록해두면 재미있을 것이다.

때로는 혼자서 먼 여행지로 가기 위해 오랜 비행을 하게 되는 경우가 있다. 그럴 땐 옆 사람과 여행이야기를 나눠보는 것도 재미있게 노는 방법 중 하나다. 외국인이면 더 좋고, 여행 목적지의 현지인이면 미리 정보를 얻을 수도 있어서 더욱 좋다.

음료수나 와인, 맥주가 무료로 제공되니 이야기를 나누며 친해지는데 이만한 장소가 어디 있단 말인가. 비행기 안에서 먹는 컵라면은 최고다.

전철 승무원

그의 등이 말하고 있다.
혼자가 아니라고.

등 뒤에 앉아있는, 혹은 서 있는
무수한 사람들과 함께임을 느끼고 있다고.

여행을 시작하는 사람들의 낯섦과 기대를 의연히 어깨에 얹고
서 능숙한 솜씨로 도시를 향해 질주해 들어가는 그의 뒷모습.
나는 맨 앞자리를 차지하고서 그의 등을 바라본다. 그의 몸동
작 하나도 놓치지 않는다. 그렇게 하면 곧 내가 그에게 이입되어
직접 운전하는 것 같은 착각에 빠지게 된다.

묵묵히 수많은 사람들을 이끌고 공항을 빠져나가 도시로 진입
하는 행렬의 수장이 된 기분에 젖는다.

일본 자전거 주차

자전거도 자동차만큼 대접받는 곳!
오사카에서 가장 복잡한 도톤보리 입구에
실내 자전거 주차장이 있다.

2층 구조로 되어있는 이 자전거 주차장에는 자동차 주차장 특유의 매캐한 공기 따위는 느낄 수 없다. 내 두 다리가 직접 동력이 되는 자가용들이 쉬는 곳이므로, 세상의 모든 이동 수단들이 다 이렇기만 하다면 얼마나 상쾌할까?

일본 전철 매표소 직원

핏줄처럼 조밀한 일본의 전철노선도를 보며
잠시 넋을 놓는다.
티켓을 뽑기 위해 자동 매표소 앞에 섰지만 난감하다.
그런데 이건 뭐지? 'Call'이라니! 에라, 한 번 눌러보자.

그러자 기계 안에서 문을 열고 나타난 것은 사람이다. 매표기계
안에서 마법처럼 나타난 그가 친절한 웃음으로 웃는다. 웃음으
로 생긴 아름다운 주름을 얼굴 가득 담고서 내가 가야 할 노선을
알려주고 다시 기계 안으로 사라진다.
주름이 멋진 그를 생각하며 거울을 보면 내가 가진 주름은 그렇
게 환한 빛을 내지 않는다.
웃음보다 찡그리는 날이 더 많아서인가?

쿠루미((うめ)
TIP ☆

전철을 탈 때 모르는 것이 있으면 Call을 눌러 도움을 요청하라.
매표기 속에서 직원이 나타나서 길을 친절하게 알려주거나 전철지도를 주기도
한다.

일본 문화, 마쓰리

마쓰리(祭り, まつり)는 그 지역 사람들의 문화활동이다.
일본문화, 마쓰리(祭り, まつり)는 신에게 제사를 지낸다는 말이다.
혹은 본래의 축제에서 발생한 것으로
이벤트, 페스티벌이라고도 할 수 있다.
목적에 따라서 개최 시기나 행사의 내용이
아주 다양하고 같은 목적, 같은 신에 대한 마쓰리이더라도
취향이나 전통에 따라, 지방이나 지역에 따라
크게 차이 나는 경우도 많다.

일본의 3대 마쓰리로
간다 마쓰리, 기온 마쓰리, 덴진 마쓰리가 있다.

일본 시장, 이치바

"힘들어 죽겠다. 자살하고 싶다."
"자살하려고 마음먹었다면, 새벽시장을 가보고 다시 결정하렴."

아침 일찍 새벽시장에 들렀다.
그 시장에서 정신없이 일하고 있는 상인들의 모습을 보았다.

"시장의 상인들은 자살하려고 생각할 시간이 없다. 바쁘게 움직인다."

새벽 시장의 상인들의 모습이 자살하려고 하는 사람을 살렸다
는 이야기가 있다. 그만큼 인생의 존재가치를 깨달을 수 있는
체험이다.

쿠루미(ぐるみ) Tip ✐

いち-ば[市場] 시장, 이치바라고 발음한다.
우리 재래시장과 비슷하다. 사람 사는 기운을 한껏 느끼고 돌아오자.
게다가 신선한 각종 시장요리들을 싼 가격에 맛볼 수 있다.

전철 햇빛 가리개 창문

해가 들이치는 시간에는 가리개 창문을 닫으면 된다.
뜨거운 태양을 피하는 방법을 갖추고 있는 전철이다.

눈이 부셔서 얼굴을 찡그리지 않아도 되니,
Always Smile.

보톡스 시술은 필요 없을 듯하다.
승객의 얼굴 표정까지 배려한 것일까?

구루미(Cream)
Tip

일본 전철에는 한국의 스크린도어 같은 안전장치가 아직 없다. 그래서 취객이나
자살하려는 사람이 전철로 뛰어드는 경우가 종종 있다고 한다.
한국 유학생이 몸을 던져 일본인을 구해서 화제가 되기도 했던 거 기억하시죠?

자동문 일본 택시

일본 택시들의 문은 자동 장치가 되어있다.
기사가 열어주고 닫으니 손님은 문에 손을 댈 필요가 없다.

Don't Touch, 건드리지 마, 触れるな。

손님은 왕이다, お客さんは神様だ。손님(きゃく)은 신(かみさま)이다.
기사의 환대를 받으며 열려진 차에 오르고 내리기만 하면 된다.
이것이 일본의 경쟁력이다.
부끄러운 한국의 택시 승차 거부는 찾아보기 힘들다.

구루미(くるみ)
Tip

택시의 기본요금은 차량마다 다르다.
택시 지붕 위에 500엔이라고 적혀 있는 택시는 저렴한 택시이다.
내릴 때 택시 문을 손으로 열지 않아도 된다.

트랜스포머 일본 자동차 주차의 달인

트랜스포머 자동차인가?
아니면 주차 달인의 솜씨?

차를 들어서 옮겼나 생각될 정도로
좁은 공간에 반듯하게 주차된 차들.

Parking, パーキング

쿠후미(COM)
Tip

경차는 구입 가격도 싸지만 구입 시 세금이 저렴하다.
연비 효율성도 뛰어나 유지비가 저렴하니 소비자를 사로잡을 만하겠지?

일본 전철 스토리텔링 도장 `에키벤토`

일본 전철역의 전설이 담긴 스토리텔링 도장.
역마다 그 지역에 있는 유명한 장소나 물건을
도장으로 만들어 놓았다.
지나는 역마다 도장을 찍어두면
그 지역의 특징을 기억하기도 좋고
독특한 여행 기록이 되기도 한다.

스토리텔링 도장 모으기를 시작하게 되면
지하철을 이용한 일본 여행이 더욱 재미있게 느껴진다.

쿠루미((3개)
Tip

역마다 들러서 기념으로 도장 모아 보자.
일본 에키벤을 주제로 여행을 떠나는 사람도 있다고 한다. 에키벤[역 도시락-에키
벤토(駅弁当)를 줄인 말]은 지역마다 메뉴가 다르다. 그 지역 특산물을 살려서 도시락
반찬을 만들기 때문이다. 여러 지역의 도시락을 맛 보면서 또 다른 여행의 스토리
를 창조하는 것처럼 역 스토리텔링 도장 모으기도 기념으로 남기는 건, 어떨까?

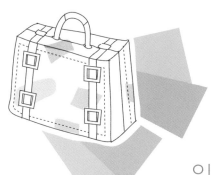

일본 전철 앞 **사물함**

여행자들을 배려해
넉넉한 공간으로 설치해놓은 사물함.
여행 가방도 충분히 들어간다.

원한다면 사람도(?) 들어가
앉을 수 있는 공간의 사물함도 있다.

구루미(で라서)
Tip ✕

동전을 넣고 사용하는 전철역 사물함은 사용 시간에 따라 금액이 정해져 있다.
젊은 여행자들 중에는 이 사물함에 짐을 놓고, 옷을 갈아입고, 지역을 돌아본 다
음 다른 지역으로 떠날 때 찾아간다. 자유로움과 편안함을 제공하는 시설이다.

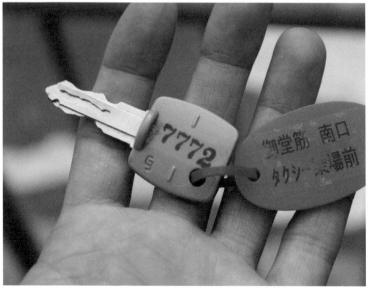

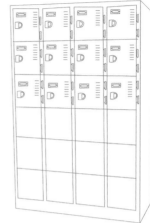

일본 전철역 앞 사물함 키

Oh My God!
짐을 어디에 넣었더라?
번호는 있어도 위치를 찾을 수 없을 때가 있다.

그러나 일본에선 걱정 없다.
위치를 기억해 두려고 두리번거릴 필요도 없다.
열쇠만 잘 간직한다면 찾는 것은 식은 죽 먹기다.
열쇠마다 위치표시를 가지고 있어 찾아가는데 어려움이 없다.

내 인생의 성공 위치까지도 이렇게 표시해주면 얼마나 좋을까.
일본 사람들은 전철역의 사물함을 잘 이용한다.
한국에서 쇼핑을 할 때도
광화문, 을지로 입구, 남대문, 명동, 동대문 근처의 사물함을 이용한다.

눈먼 자들의 눈, 전봇대 _{미도스지 일루미네이션}

앞이 보이지 않는 것은 어두울 뿐이지만 마음이 어두운 것은 온몸과 영혼을 엉뚱한 방향으로 이끌고 간다. 앞이 보이지 않는 사람들을 위해서 세워진 길 안내 전봇대. 이 등대 같은 친구 하나면 시각장애인들도 길을 찾을 수 있다. 마음이 어두운 자들을 위한 전봇대는 어떻게 세울 수 있을까?

구루미(c3ei)
TIP

OSAKA 빛의 르네상스 (미도스지 일루미네이션)
오사카시(大阪市) 미도스지에서 음악과 빛의 아케이드가 있다. 네오 바로크 양식의 나카노시마(中之島) 도서관에는 벽이 스크린이 되어서 창출하는 음향과 빛이 있다. 미도스지 거리가 은행나무 높이를 이용해 줄기에 장식한 일루미네이션이 차도 안쪽 식수대와 연도에 늘어선 빌딩들을 이용하여 환한 빛을 보여준다.
점등 시간 17:00~23:00

일본 전철 내 여성 공간 Around 40

일본 여성의 힘은 일본 문화를 만들고 있다.
여성보호 차원에서 만들어진 전철 내 여성 공간.
여성들에게 편안하고 안전한 여행을 보장함으로써
일본에 대한 좋은 인상을 추억으로 가져가게 하고 있다.
일본에 한류열풍을 주도하는 사람들은 40대 여성들이다.
이들을 일컫는 신조어가 탄생했다.
アラフォー(around 40의 약어)라는 말이다.
이 신조어를 제목으로 드라마까지 나왔다.
지금 일본은 여성을 위한 마케팅이 열기를 띠고 있다.

구루미((C라아)
Tip

アラフォー(around 40의 약어)는 2008년에 방영된 드라마이다. 40세를 앞둔 미혼
전문직, 여성의 현실과 꿈을 다룬 드라마였다. 여기서, アラフォー(around 40의 약
어)는 40세 전후의 여성을 말하는데, 일과 사랑, 그리고 출산을 자유롭게 할 수 있
고, 사회 진출을 이룬 사람들이다.

일본 전철 속 내 공간

전철 속에 나만의 공간이 있다.
모자를 걸고, 책과 물을 올려놓을 수 있는 공간이다.

이 작은 배려가
여행을 한층 더 쾌적하고 행복하게 만들어준다.

소소한 배려이지만, 일본인 배려의 끝은 어디인가?
양파 껍질처럼 하나씩 벗길수록 속이 알차고, 배울 점이 많다.

일본 버스 안의 비상구

가끔 버스를 타고 가다가 비상사태가 벌어지면 어떻게 할까 생각해 본 적이 있다. 앞뒷문으로 사람들이 몰리면 혼란스러울 텐데, 불이라도 나면 쉽게 빠져나갈 수 있을까, 하는 등의 걱정이다. 누군가 나와 같은 생각을 했었나 보다. 일본의 버스에는 의자 뒤에 비상벨이 있다. 뿐만 아니라 위급상황 시 직접 문을 열수 있는 진짜 비상구가 있다. 앞문, 뒷문 그리고 버스 내리는 문반대쪽의 비상구가 하나 더 있다.

승객의 안전을 충분히 고려한 버스라는 느낌이 든다. 교통사고 시 반대 방향으로도 내릴 수 있도록 준비된 비상구를 보니 마음이 놓인다. 사고가 났을 경우를 미리 대비하는 이들의 실천력이 실로 감동스럽다. 생각만 하지 않고, 바로 실천한다.

실천력. 이것이 일본 킬러 콘텐츠이다. 사소하지만, 절대 사소하지 않은 것을 실천으로 옮기는 힘이 일본에 있다.

나도 나의 인생 비상구를 만들어야지!

優先席 PRIORITY SEAT

身体内部に障害
を持つ方なども
ご利用ください

일본 버스 내 아기를 안고 타는 엄마

아가야, 편안하니?
엄마 품에 안겨 버스에 오른 아기.
그러나 엄마는 너무 힘들어 보인다.
아기가 커감에 따라 엄마의 팔도 굵어지는 이유를 알 것 같다.
아기엄마는 원더우먼이 아니다.
자리를 양보하자.

구루미(くるみ)
TIP

오사카는 마마(お母かあちゃん: mama), 파파(お父とうちゃん: papa)이다.
도쿄는 오카아상(お母かあさん), 오또우상(お父とうさん)이다.

お降りの方はこのボタンを押してください。

일본 버스 안의 어린이 벨

일본 버스 의자에 어린이 벨이 설치되어있다.
아이의 눈높이에 맞춘 벨.

이런 작은 배려가 바로 일본의 실천력이다.
아기의 시각으로 세상을 보면
어른들도 더 많이 웃으며 살 수 있지 않을까?

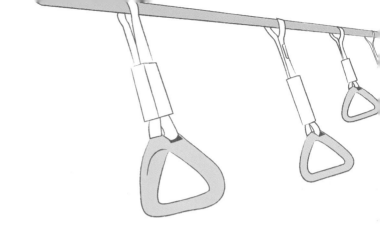

일본 버스 중앙 손잡이

샐러리맨들이여 흔들리지 말자.

이른 아침 출근길부터 흔들리기 시작하면 긴긴 하루가 얼마나 고단할까. 버스 중앙에 설치된 긴 봉이 출근길 러시아워 때 샐러리맨들의 중심을 잡아주는 역할을 한다.

어느 날, 출근길 버스에 오른 나. 간신히 올라가 선 곳은 버스의 중앙. 손잡이는 닿지 않거나 다른 손들이 잡고, 의지할 곳 없는 나는 엉거주춤 다리를 벌리고 중심을 잡을 수밖에 없었다. 그때, 급격하게 버스가 출발했다. 순간, 중심을 잃어버린 나는 속수무책으로 넘어지다가 옆에 서 있는 사람의 옷자락을 움켜쥐었다. 간신히 중심을 잡고 있던 옆 사람의 당황하는 표정.

그 미안함이란. 중앙 손잡이는 꼭 필요하다.

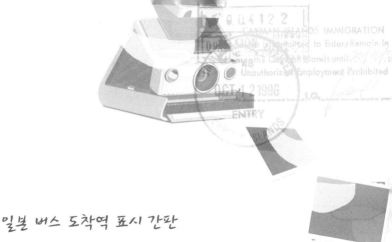

일본 버스 도착역 표시 간판

잠시 딴생각을 하다가 혹시 안내 방송을 못 들었나요?

그럴 땐 앞의 안내 표시판을 보자.

일본 말을 알아들을 수 없는 여행자라도 지도에 표시된 지명과 표시판의 글씨를 비교해 본다면 쉽게 알 수 있을 것이다. 낯선 길을 여행할 때는 순간적으로 지나가는 안내 방송보다 항상 볼 수 있는 안내 표시가 더 도움이 된다.

현지 언어가 낯설 때 영어로 표시된 안내판이 여행자의 맘을 가볍게 한다.

BUDAPEST

Q Q 4 1 2 2

CAXMAN ISLANDS IMMIGRATION

MNK

OCT 1 2 1996

ENTRY

천지창조 일본 전철 유니버셜 스튜디오

현실로부터 비현실의 세계로 걸어 들어가는 지간.
유니버셜 스튜디오의 천지창조 전철을 탈 때 느끼는 기분이다.
긴 전철의 외부가 모두 이미지로 덮여있다.
스파이더맨, ET 등 영화 포스터로 도배된 전철의 외피.
만화 속에서 달려나온 것 같다.

스파이더맨이 나에게 공격한다. 공격을 피해 서둘러 전철 안으로 들어갔다. 문이 닫히자 이제는 빠져나갈 수 없는 제3세계로 딸려 들어가는 느낌이다. 유니버셜 스튜디오로 들어가는 길은 벌써부터 감동을 선물한다. 도착할 때까지 점점 기대가 되고 설레도록 만드는 효과가 있다.

쿠루미(C로아)
TIP

유니버셜 스튜디오 재팬은 할리우드 영화 세트장을 레마따크로 만들었다.
유니버셜 익스프레스 패스를 구입하면 기다리지 않고, 별도의 문으로 입장할 수 있다. 호텔이나 숙박했던 장소에서 유니버셜 스튜디오 자유이용권 할인 쿠폰을 받을 수도 있으니, 숙소 게시판을 잘 찾아보자.

가치 있는 소셜 여행 경험(經驗; experience)의 키를 높이는 7가지 여행기술?

1 여행 목적
　▶ 무엇을 위해 가는가? 어디서, 어떻게, 왜, 무엇을 할 것인가?

2 ±1년 계획
　▶ 출국 전과 귀국 후의 할 일을 정해 놓고 출발하라.

3 아는 만큼 보인다.
　▶ 목적지에 대한 정보를(책, 인터넷) 충분히 수집하여 숙지하고 간다. 현지인을 많이 아는 것도 필수 여행 준비물이다. 페이스북, 트위터로 여행지역의 친구를 만들어서 출발하자. 그렇게 하면 여행의 즐거움은 100배가 된다.

4 작은 것에서도 기쁨을 찾아라.
　▶ 김치 한 조각이라도 감사하라. 우울증 퇴치 방법이다.

5 로마에 가면 로마법을 따라야 한다.
　▶ 간단한 언어습득, 문화체험, 음식문화 따라가기.

6 행동으로 말하라.
　▶ 성공보증수표는 신용이다. 말은 안 통해도 행동으로 신뢰를 심어주면 통한다.

7 안에서 새는 바가지 밖에서도 샌다.
　▶ 한국의 MT문화처럼 흥청망청 지내지 말자. 하루하루의 일정을 미리 알차게 계획해서 막연한 여행이 되지 않도록 한다.

#3
japan culture story

The most important trip you may take in life is meeting
people halfway. - Henry Boye

당신의 인생에서 가장 중요한 여행은 여행 중 사람을 만나는 여행이다.

식 도 락 의   즐 거 운   일 본 문 화 심 리

뉴욕 타임스 선정 세계 최고의 요리사 '페란 아드리아'는 이렇게 말했다.

"모방이 아닌 창조를 하라."

일본 음식을 세계화하는데 일등공신인 마쓰히사 노부유키 씨는 "차츰차츰 일식에 대한 거부감을 없애는 것이 중요하다. 적절한 양의 코스 요리로 발전시키면 한식도 분명히 세계화에 성공할 것이다. 타이밍과 경험, 그리고 요리에 대한 열정이 필요하다."고 말했다. 한국 음식이 건강에 좋다는 과학적 검증은 물론, 세계 많은 사람들이 인정하고 있다. 이제 어떻게 세계 사람들에게 더 많이 알리고 다가가느냐가 문제이다.

다도(茶道)는 중국을 거쳐 일본으로 전해졌다. 일본은 그저 차를 마시고 즐기는 것에서 그치지 않고 이를 예술적 차 문화로 바꾸었다고 한다. 일본에선 자연스러운 향을 지닌 녹차가 주로 생산된다. 이들은 차를 마시면서 떫은맛을 순화시켜주는 다식을 꼭 곁들여 먹는다고 한다. 다기를 다루는 것에서부터 차를 마시는 행위 자체도 멋스럽게 연출하는 모습에서 이들의 식도락에 대한 창조적 노력이 보인다.

アンファンチーズケーキ
enfant cheese cake

仏ブルターニュ地方の濃厚なクリームチーズを使用し
新鮮な卵、北海道産の牛乳、国内産蜂蜜にて
じっくりとまぁるく焼き上げた、ふんわりと軽く
しっとりとした口当りの上質なスフレチーズケーキ。
お好きなサイズにカットしてどうぞ!

1個 税込 **¥1,050**
(本体価格¥1,000)

소복소복한 일본 치즈케이크

눈빛만으로도 녹아내릴 것 같은 케이크.
입술이 닿자 체온으로 스르르 녹아버린다.
소복소복 치즈케이크는 보는 것만으로
이미 절반의 맛을 본 것 같은 모양이다.
그 달콤한 냄새와 모양을 보면 먹지 않고는 못 견디게 한다.

따끈따끈 무료 밥

눈이 번쩍 뜨이는 밥.
행복한 밥.
무료라서 더욱 기분 좋다.

김이 모락모락 피어나는 밥이 무료라는 푯말을 달고 있다.
횡재한 것 같은 이 기분. 어째서 무료일까?
불경기... 아니면 한국식 외식전략일까?

생각은 나중에 우선 여행자의 주린 배부터 채우고 보자.
배불리 먹어야지.
어느 식당이든 밥통은 비슷하다.

이것은 무료입니까?
これは無料ですか(고레와 무료우데스까?)

즉석 오코노미야키 후게츠

즉석에서 만들어주는 요리, 오코노미야키는 보는 재미도 있다. 넓은 철판에 야채+계란+감자+우동면을 넣고 소스를 뿌려 지글지글. 익히기가 끝나면 각자 앞에 먹을 양만큼 분배해 준다.

바비큐 맛 소스에 마요네즈가 들어가서 고소하고 맛있다. 한국의 채소부침개에 바비큐 소스를 발라 먹는 것과 비슷하다. 바싹바싹하기도 하고, 부드럽다.
맥주 한 잔을 곁들이면 더욱 좋다.

구루미(호두)
TIP

부침개 チヂミ(지지미), 발음상 편안하게 '지지미'라고 이야기한다.
일본 오사카 후게츠는 유명한 오코노미야키 식당이다.

주 소   大阪市中央区千日前2丁目11番9号.
전 화   06-4400-8321
한국에는 명동점이 있다. 오코노미야키 후게츠(風月)
주 소   서울시 중구 명동 2가 32-27 해암 B/D 2F. 명동 6번 출구
영업시간   AM11:00~PM23:00
전 화   02-3789-5920

MOROZOFF

甘酸っぱいバレンシアオレンジと濃厚なマンゴーのハーモニー。

フルージェル オレンジ&マンゴー

税込 ¥263 （本体価格 ¥250）

みずみずしい
果肉入り

포장 푸딩

꼭 먹어봐야 맛을 알까?

포장만 봐도 맛이 그려지는 푸딩.
일본 포장기술은 또 하나의 콘텐츠이다.

시각을 미각과 연결시키는 아이디어가 돋보인다.
이 맛있는 푸딩을 백화점에서만 살 수 있는 것은 아니다.

편의점에서도 살 수 있다.
편의점이라고 해서 값싸고, 맛없다고 생각하면 오산이다.
새로운 맛의 세계를 꼭 경험해보기 바란다.
일본의 편의점을 구경하는 것도 재미있다.
택배, 책, 비디오, 생활용품 등 모든 것이 다 있다.

100살 빼꼬짱 어린이

먹고 싶니 빼꼬짱?
벌써 100살이나 되었단다.
먹고 싶어서 안달이 난 빼꼬짱 캐릭터.

빼꼬짱 캐릭터에 식당 소개와 캐릭터의 의미를 넣어
스토리텔링을 한다. 캐릭터에 의미를 부여하여 친근함을
불러일으키고, 광고 상품 판매에 이어 2차적인 캐릭터 상품
판매까지 유도한다.
회사 브랜드 이미지 상승효과까지 올리니 일석 삼조.

구루미(건강)
TIP

> 오사카에 있는 빼꼬짱 레스토랑 신사이바시 역과 남바 역 사이에 있다.
>
> **주 소** 大阪府大阪市中央区心斎橋筋2丁目2-23
>
> **찾아가는길** 오사카시 大阪市営地下鉄御堂筋線
>
> **전 화** 06-6211-3010

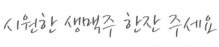

시원한 생맥주 한잔 주세요

일본 맥주 회사로는 아사히, 기린, 삿포로, 산토리가 대표적이다. 맥주의 꽃은 맥주 거품이다. 맥주 거품은 맥주 고유의 톡 쏘는 맛을 살리고, 공기에 닿아 산화되지 않도록 보호막 역할로 신선도를 유지시킨다.

'산토리 더 프리미엄 몰츠'의 크림 거품 맥주는 화려한 향과 생크림 같은 부드럽고 풍성한 크림 같은 거품이 특징이다.

"삿포로 맥주를 마시지 않았다면, 일본 맥주를 마신 것이 아니다"라는 카피로 광고하기도 한다.

쿠루미(근래) TIP

生ビール一杯ください [나마 비루 잇빠이 쿠다사이]
생맥주 한 잔 주세요
생; 生(なま) [나마], 맥주; ビール [비-루] , 한잔; 一杯 (いっぱい) [잇-빠이],
주세요; ください [쿠다사이] , 그 지역에서 생산된 맥주; じ-ビール [지비-루]

〈삿포로 맥주박물관〉
홋카이도 삿포로 히가시구야큐쇼마에역 위치. 일본의 유일한 맥주 박물관이다.
다양한 맥주병, 삿포로 맥주 광고 포스터, 맥주집 간판 등 맥주의 발전사를 확인할 수 있다.
http://www.sapporobeer.jp/brewery/s_museum/

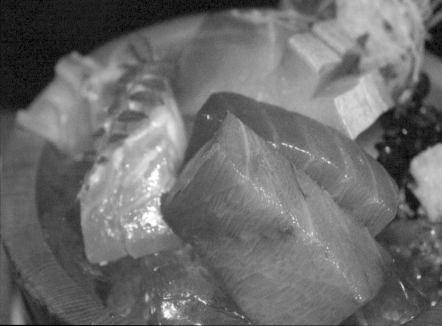

60년 일본 장인정신

3대가 함께 운영하는 도톤보리 스시 가게.
60년 장인정신으로 맥을 이어온 곳이다.
칼끝에 묻어 있는 노련함이 스시의 맛을 한결 특별하게 한다.
딱 하루 동안만 판매하고 남은 건 버린다.

신선함을 생명으로 하는 것이 이 가게의 Point.
3대째 신용 있는 맛으로 고객을 만족시키고 있다.
이 또한 일본 장수기업의 문화콘텐츠다.
방송 인터뷰 등 모든 대중 매체의 촬영을 거부하는 곳이지만
VIP 단골 고객 소개로 몇 컷 찍을 수 있었다.
100엔 스시샵도 좋지만, 장인의 손길로 만들어주는 스시 맛을
경험해보기 바란다.

구루메(CS계)
TIP

구루마 스시, 니혼바시 역, 근처에 있으니 찾아 가보자.
주 소   大阪府大阪市中央区宗右衛門町3-4
전 화   06-6211-3751

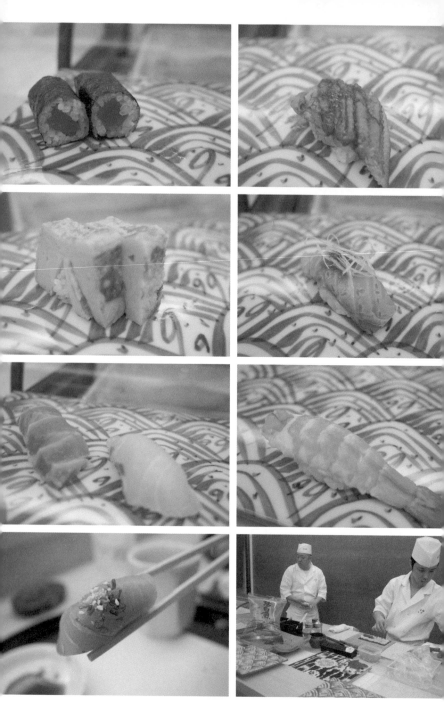

이야기하는 스시, 일본 장수기업

꿈틀거리며, 말을 걸어오는 스시.
대화를 나누고 싶지만
먹고 싶은 욕구를 참을 수 없어 입 안으로 밀어 넣는다.
어느새 혀에서 녹아버린 스시.
내 안에서 살이 되고 피가 되어
이야기를 나누지 않아도 우리는 하나가 되었다.
스시 한 조각이 이렇게 묵직한 맛을 낼 수 있다니...
이것이 장인의 맛인가 보다.

일본은 1,000년이 넘는 장수기업이 많다. 2008년 한국은행의
분석에 의하면 전 세계 41개국의 기업 중, 창업 200년이 넘는
장수기업이 5,586개의 회사라고 한다. 그중에서 일본 기업이 절
반 이상(3,146)을 차지하고 있다.
장수기업의 비결은 대를 이어 축적된 기술력과 한눈팔지 않고
본업에 충실한 결과다. 경영권 상속도 혈연보다 능력으로 이루
어진다고 한다.

손님은 왕

나는 58번째 왕.

극진한 대접을 받으며 식사를 한다.

영업차원의 서비스라고 하기에는

종업원들의 진심 어린 친절이 손님의 마음을 움직인다.

번호에 맞춰 신발을 정리해 두는 배려까지.

아무리 손님이 많아도 신발이

서로 바뀌거나 분실할 염려 없고

나갈 때 두리번거리며 찾는 번거로움도 없다.

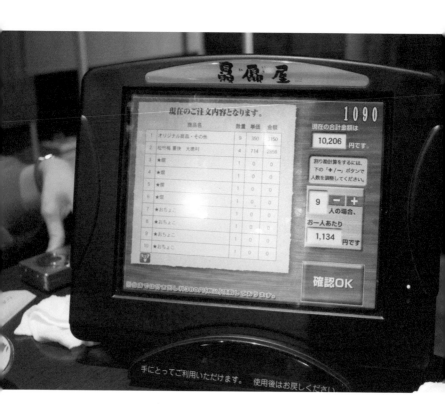

자동 터치 일본 메뉴판 `Dutch Pay`

무엇이든 쉽고 편리하게!

Dutch Pay(わりかん, 와리깡)가 익숙한 일본!

주문 내역 확인과 함께 전체 금액을 1/n로 나눠 준다.

다른 사람에게 피해를 주지 않기 위해 자기가 먹은 것은 자기가 지불하는 것을 좋아하는 일본인들. 신세진 것은 반드시 갚아야 한다는 생각 때문인 듯하다.

예전에 일본인들과 술자리를 한 적이 있었는데, 한 일본인 선배가 선뜻 계산을 하는 것을 보고 한국에서처럼 당연한 호의로 받아들였다. 그러나 밖으로 나온 선배는 가방 안의 계산기를 꺼내더니 1/n로 비용을 나누어 더치페이를 하는 것이었다.

문화적인 충격이었다. 다른 선배들은 당연하게 여기며 각자 부담할 비용을 지불하고 있었다. 나도 내 몫을 지불했다. 막상 그렇게 하고 나니 마음이 가벼웠다. 만일 한 선배가 비용을 모두 부담했더라면 내 쪽에서도 뭔가 보답을 해야 한다는 부담감을 안게 되었을 것이다.

구루미(くるみ)
Tip

영수증 부탁합니다.
료우슈우쇼(領收證) 오네가이시마스(お願ねがいします)

고로케

'돈가스, 카레라이스, 고로케'는
일본이 근대화과정에서 발명한 3대 양식이라 불린다고 한다.

외래문화를 흡수하고, 자기의 것으로 재탄생시키는
일본의 문화가 잘 드러나는 대표적인 음식이다.

특히, 고로케는 시장, 슈퍼마켓 등
언제 어디에서나 갓 튀겨 나온 따뜻한 고로케를 맛볼 수 있다.
종류가 다양하니 한번 꼭 맛보자.

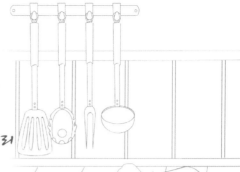

일본 국민음식, 오니기리

뭉치면 뭉칠수록 맛있다.
빠르게 만든다.
휴대하기 쉽다.
맛이 다양하다
먹기 간편하다.

이러니 국민음식이 아니 될 수 있겠는가.
모든 걸 간편화하는 일본 국민성을 엿볼 수 있다.

구루미(くるみ)
Tip ✿

한국 편의점의 삼각 김밥은 오니기리에서 영향을 받았다.
잡다, 쥐다의 '니기루(にぎる)'에서 나온 '니기리(にぎり)'이다.

원조 타코야끼

줄 서서 기다리는 수고조차도 즐겁게 여기는 이유.
특별한 맛을 사기 위해서다.

문어 살이 듬뿍 들어간 원조 타코야끼는
그 씹는 맛이 일품이다.

긴 줄이 늘어서 있는 가게를 보면 거기엔 남다른 이유가 있어서
일 것 같은 기대를 하게 된다. 이것이 바로 시각 홍보 효과. 일
본 킬러콘텐츠 중 하나다. 일본에선 작은 가게의 이점을 최대한
살리고 있는 곳이 많다.

적은 인력과 싼 임대료로 운영하는 만큼 인내심을 가지고 오랜
기간 상품의 질과 세심한 배려가 담긴 서비스에 전력을 기울여 성
공에 이르는 것이다.

건강한 술안주, 해피빈콩

술안주로 무거운 음식보다는 가벼운 녹색 완두콩

건강을 생각하고,
음식물 처리가 간편한 술안주, 해피빈
술의 주량을 조절하게 만드는 해피빈
술 문화를 이끌어가는 요인이기도 하다.

술은
지나치게 마시면, 독약이지만,
적당히 마시면, 보약이다.
떡은 사람이 될 수 없지만, 사람은 떡이 될 수 있다.

구루미(Cぐみ)
TIP

완두콩 안주 조리는 아주 간단하다. 익힌 완두콩 위에 소금을 살살 뿌려주자.
그러면 둘이 먹다 하나 죽어도 모를 그런 안주가 탄생한다.

엔돌핀 상승시키는 간판의 킬러콘텐츠 킨류라면

글씨로 기호화된 간판에 익숙한 우리의 눈.
형상은 훨씬 더 빨리 다가오는데...
커다란 형상 간판이 눈길을 사로잡는다.

일본어를 모른다 할지라도 바로 알아볼 수 있는 간판.
웃음과 재미를 먼저 안겨주고,
다음엔 맛있는 음식으로 손님의 마음을 사로잡는다.

구루미(드H)
Tip ✿

오사카 명물 하면 金龍ラーメン(킨류라-멘)을 빼놓을 수 없다.
도톤보리에서 바로 눈에 띄는 용 간판을 하고 있으니, 금방 찾을 수 있을 것이다.

주 소 大阪府大阪市中央区道頓堀1-7-26
운영시간 24시간 연중무휴
메 뉴 킨류라멘 600円(5,171원) – 金龍ラーメン(킨류라-멘)
찾아가는 법 지하철 난바(なんば) 역 14번 출구에서 도보 12분
전 화 06-6211-3999

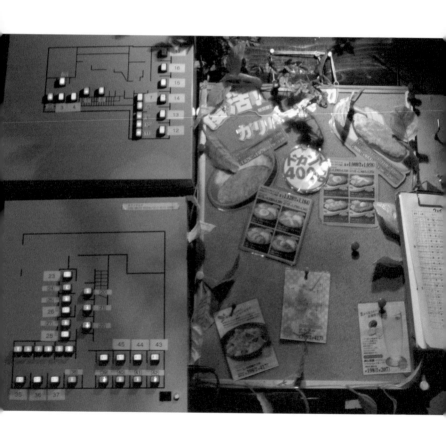

테이블 위치 공개

빅구리동키 레스토랑

여행길에도 한 끼쯤은 호화스럽게,
두툼한 스테이크를 썰어보자.

앉고 싶은 자리도 스스로 선택한다.
전체 테이블의 위치를 한눈에 볼 수 있어
원하는 자리를 고를 수 있다.

구루메(군첸)
Tip

오사카 사람들은 놀랄 감탄사를 "빅구리동키"라고도 한다.
빅구리동키(びっくりドンキ) 레스토랑

주 소　大阪府 大阪市中央区道頓堀1丁目6-15 コムラードドートン内
전 화　06-6484-2301

식당 가라오케, 노래방 도부츠엔마에

홀로 쓸쓸한 저녁 식탁에 앉아 본 적이 있는가.
밥상에 차려진 달랑 한 개뿐인 밥그릇이
문득 외롭게 느껴질 것 같은 날엔 이런 식당이 있었으면 싶다.

밥 먹으며 노래 부를 수 있는 곳. 혹은 다른 사람의 노래를 들으며 저녁을 먹을 수 있는 곳 말이다. 개인주의가 강한 일본인들에게 어쩌면 꼭 필요한 공간이 아닐까?

이곳에서만은 남이 식사하는 데 노래를 불러도 된다.
아니, 노래를 불러 주면 좋다.
함께 부르는 것도 멋진 일!

쿠로미(C3H) TIP ✿

動物園前(도부츠엔마에) 역 근처 시장에 있다.
도부츠엔마에는 지역적으로 물가가 싼 곳에 속한다. 그래서인지 길에 노숙자들이 많다. 하지만 위험하지는 않다.

돈가스의 재탄생, 돈가스 샌드위치

돈가스가 인기를 얻은 데는 그 이름이 '가스' 즉 '가쓰勝'로 '적을 이긴다テキ(敵)に勝つ'는 의미가 들어 있기 때문이기도 하다. 시험철이 되면 수험생들은 너나 할 것 없이 돈가스 도시락이나 돈가스 샌드위치를 먹고 시험에 임한다. 돈가스는 일본인 사이에 육식에 대한 관심을 높이고 보급한 최고의 공로자라고 할 수 있다.

오카다 데쓰의 '돈가스의 탄생(튀김옷을 입은 일본근대사)' 중에서...

쿠로미(くろみ)
Tip

추천해주세요.	おすすめください	[오수수메쿠다사이]
권하다. 추천하다.	勧める(すすめる)	[수수메루]
해주세요.	ください	[쿠다사이]

뜨거운 빵 아이스크림, 아이스 도그 츠텐카쿠

차가운 열정,
아이스 도그(アイスドッグ)는 갈등하는 연인 같다.
밀쳐 낼 수도 당길 수도 없는 극적인 맛이다.
사랑과 냉전을 끌어안은 드라마틱한 먹거리다.

쿠후미(Cho) TIP

츠텐카쿠는 하늘과 통하는 건물이라는 의미이다. 103m의 높이이며, 전망대가 있다. 정상에는 네오이 있어 다음 날 날씨를 색깔로 알려주기도 한다. 날씨가 맑으면 힌색, 흐리면 주황색, 비가 올 때 파랑색 네오이 켜진다.
신세카이는 도토보러처럼 간판이 입체적이다. 골목골목이 80년대 느낌이 난다. 음식값은 비교적 싼 편이다. 빌리켄(Billiken)은 원숭이를 닮은 신세카이의 마스코트로 신을 상징하는데, 발바닥을 만지면 행운이 오다고 한다.

찾아가는 법 JR 신이마미야 역 남쪽 출구에서 도보로 5분 거리에 있다. 지하철은 미도수지센. 사카이수지센의 도부츠엔마에 역 5번 출구로 나와서 도보 5분 거리이다.

그릇까지 먹는 일본 도시락

사춘기 때,
가방 속에서 빈 도시락
달그락거리는 소리 때문에 민망했던 적이 있다.
'이런 도시락이었다면 좋았을걸.' 하고 생각한다.
내용물 먹고, 도시락도 꼭꼭 씹어 먹은 후 가벼워지기.
몸에 배인 습관은 무섭다.
가끔씩 깜짝깜짝 놀라게 될지도 모른다.
'어? 내 빈 도시락 어디에 두고 왔지?' 하고 말이다.

쿠루미(くるみ) Tip

우마이(うまい)는 남자가 주로 사용하는 맛있다는 표현이다.
광고에서 여자가 우마이(うまい)라고 하면서 시선을 주목시키곤 한다.
오이시이(おいしい)는 평소 남녀가 모두 사용하는 맛있다는 표현이다.

소바 만주(そば饅頭)

소바 만주(そば饅頭), 우마이(うまい) 오이시이(おいしい)!

만주는 일본 과자 중 생과자(生菓子)의 하나인데 밀가루, 쌀가루로 만든 반죽에 앙금(팥소)을 넣고 싸서 찌거나, 구운 과자이다. 메밀가루 또는 여기에 멥쌀가루나 밀가루를 섞은 것에 갈은 마 등을 첨가하여 반죽한 피에 앙금(팥소)을 넣어 쪄서 만든다. 소바 만주(そば饅頭)는 뜨거운 앙금(팥소) 있는 찐빵과 비슷하다.

일본 대표 음식

\# 오사카 타코야키는 유명한 음식이다. 밀가루에 새우나 문어가 들어가 있다. 카레와 오므라이스를 소재로 한 드라마가 나올 정도로 인기가 많은 메뉴다.

\# 일본 하면 도시락을 빼놓을 수 없다. 에키벤(駅弁)은 그 지역의 특산물로 만든 도시락이다. 역마다 도시락 모양, 맛이 다르기 때문에 에키벤[역도시락▶ 역(駅)]에서 파는 벤토(弁当)을 먹기 위해 여행 다니는 사람들도 많다.

\# 바이킹구(バイキング) 술을 좋아하는 사람들은 꼭 가보라. 음료, 주류를 마음대로 먹을 수 있다.

\# 돈부리(丼物, どんぶり) 덮밥이 발달한 나라. 밥에 반찬을 올려 먹는 음식이다. 종류로는 타마고동, 오야코동, 가쓰동, 텐신동, 텟카동, 텐동, 규동, 우나동, 부타동 등이 있다.

#4
japan culture story

수면 부족은 엑손 발데스(Exxon Valdez)호의 알래스카 해안 오일 유출사고와 같은
재앙의 원인이 된다. 챌린저 우주왕복선 사고와 같은 재앙의 원인이 되기도 한다.
— 하버드 의대 교수 로렌스 J. 엡스타인

실제로 24시간 잠을 자지 못하도록 하거나 1주일에 하루 4~5시간씩만 잠을 자도록
하면 혈중 알코올 농도 0.1%와 비슷한 심신장애를 겪는다.
— 삼성서울병원 신경과 교수 홍승봉

Part
04

휴식의 즐거운 일본문화심리

인간은 평생의 3분의 1을 잠자며 보낸다. 모차르트, 베토벤이 작곡한 많은 곡들의 악상이 잠자는 사이에 떠올랐다고 한다. 이는 수면 중에 창의적인 에너지가 의식 속에 고이는 것을 말하는 것이다. 창조적인 지식 여행을 위해서는 효과적인 휴식과 편안한 잠을 자는 것도 여행을 잘하는 요소 중 하나다.

수면은 인간의 삶에 있어 이처럼 중요한 부분이다. 여행 중에 잠자리가 낯설고 불편해 깊은 잠을 못 잔다면 그 여행은 창조적인 지식 여행이 되기 어렵다. 일본인들은 휴식을 어떻게 하고 있을까, 또, 여행자들을 위한 숙박 시설엔 어떤 배려가 또 숨어 있을까.

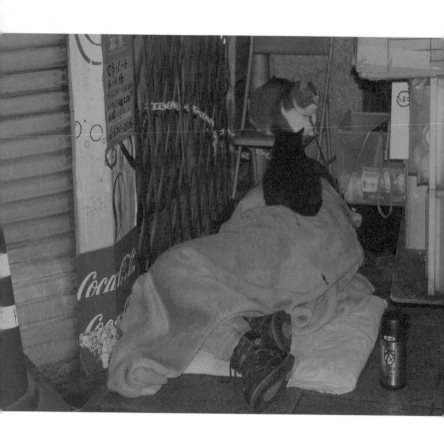

노숙자와 고양이는 공생관계

'당신과 함께라서 다행입니다.'
당신이 나눠준 만큼의 따스함을 나도 나눠줄게요.
노숙자와 고양이는 공생관계. 나누는 것이 어디 체온뿐일까.
혼자가 아니라는 위안까지. 난 누구와 공생관계일까?
문득 혼자라는 것이 쓸쓸해지는 시간...

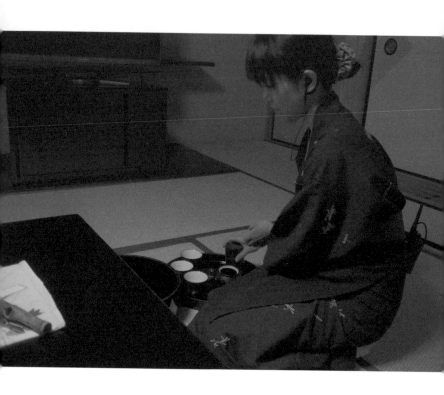

일본 전통 료칸

힐링 여행, 일본 전통 료칸.
현대적인 높은 건물 호텔보다는
흙과 자연이 함께 공존하여 심신을 풀어줄 일본 전통 료칸.
몸과 마음을 자연에 맡겨 힐링 할 수 있는 곳.

구루미(Crain)
Tip

료칸(旅館 [りょかん]) 다다미방과 정원을 기본인 일본의 전통 숙박시설.
대표적인 료칸으로 산소 타케후에, 유후인 사이가쿠칸, 쿠로카와 료칸, 동경 미
카와야료칸, 나고야 게로온천 게로유노시마 료칸 등이 있다.
쿠로카와 료칸 마을은 미야자키 하야오의 '센과 치히로의 행방불명'의 배경이 되
었다.

길거리 족탕 아리마 온천

여행길에 가장 고단했던 발.

발아, 고생 많았다. 잠시 따뜻한 물에서 위로받고 가자.

42.3℃ 아리마 온천 길거리 족탕.

일본 3대 온천 지역 중에 한 곳이라고 한다. 무료로 여행자의
발을 잠시 쉴 수 있게 만들어놓은 시설이다. 피로를 풀고 나서
더 많이 관광할 수 있게 말이다.

구루미(Com)
Tip ✿

아리마 온천[有馬温泉(아리마온센), Arima Onsen]

아리마 온천에는 두 종류가 있다. 철과 염분이 녹아있는 붉은색의 온천과 '킨센(金
泉)', 라듐을 함유하고 있는 무색의 온천이라 투명하여 '긴센(銀泉)'이라고 부른다.

찾아가는 법   전철보다 버스가 교통이 편리하다. 우메다 역에서 버스를 타고
한 번에 가는 편이 가장 좋다.

toilet toilet toilet toilet toilet toilet toilet toilet toilet toilet toilet toilet toilet

어린이를 배려한 변기

무념무상의 시간.
잠깐의 일이라고 아무렇게나 해결할 수는 없는 일.
안락함을 준비해준 손길에 감사하고 싶어진다.
안락한 화장실에서 아낌없이 비워내렴.
어린 친구들아!

'いただきます'

일본인의 식사예절

문과 반대쪽이 상석이다.

식사할 때는 본인 접시에 한 가지 요리씩 담아서 먹는다.

주로 젓가락을 사용하여 밥을 먹는다.

젓가락은 세로로 두는 것이 아니고, 가로로 두고 먹는다.

본인의 식사가 끝났다고 그 자리를 비우거나 일어나는 행동은 예의에 어긋난다.

절대 본인이 사용한 젓가락으로 음식물을 옮기는 일을 삼가해야 한다. 새로운 젓가락을 사용하거나 젓가락을 거꾸로 해서 전달하면 된다.

쿠루미(くるみ) TIP

잘 먹겠습니다. いただきます。
잘 먹었습니다. ごちそうさまでした。
한국과 다르게 밥그릇을 들고 먹는 것이 예의이다.

일본 온천(温泉) 쿠사츠 온천, 게로 온천

"니들이 온천을 알아?"

온천을 일본어로 온센(温泉)이라 한다.

일본은 화산 활동이 많은 나라로 전국에 수천 개의 유명한 온천이 있다. 온천은 전통적인 요소로 일본의 관광에 있어서 중요한 역할을 한다.

일본인은 세계에서 가장 목욕을 좋아하는 민족이라 해도 과언이 아니다. 한국에서처럼 때를 밀지는 않지만, 깊은 목욕통에 몸을 푹 담그지 않으면 안 된다.

현재 일본에서는 기능적인 서구식 생활양식이 잘 받아들여지고 있지만, 목욕 문화만큼은 예외여서 외국인들에게 많은 관심과 사랑을 받고 있다.

게다(げた) 일본의 나막신

마음이란 사용하는 것이 아니다.
마음이란 그냥 거기에 있는 것이다.
마음은 바람과도 같아서
당신은 그 움직임을
느끼는 것만으로도 좋은 것이다.

무라카미 하루키, "한없이 슬프고, 외로운 영혼에게" 중에서...

쿠루미(くるみ) TIP

게다는 일본의 나막신이다. 옛날에는 가장 많이 이용했다.
비치 샌들은 죠리에서 유래되었다.

후쿠오카, 구로카와 야마미즈키 온천

일본 전통적인 다다미방과 아늑한 온천이 함께 있는 곳.
사랑하는 사람들과 추억을 남길 수 있는 료칸.
맛, 시설, 서비스 3박자를 갖춘 일본 료칸.
일본 현지인처럼 살아볼 수 있는 힐링의 장소이다.

후쿠오카 구로카와 야마미즈키 온천
http://www.yamamizuki.com/

赤いボタンを押してください
フロントにつながります

IN CASE OF EMERGENCY,
PLEASE PUSH THE RED BUTTON.
IT IS ON THE LINE TO FRONT.

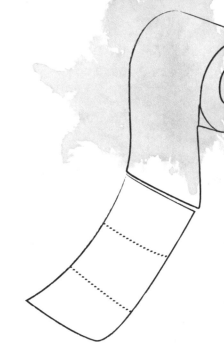

일본 화장실 감동 휴지

헉! 이건 누구의 손길일까?

다음 사람을 생각해 접어 둔 것이다.

누구였을까?

이 도시 어딘가에 있을 그의 배려에 눈시울이 뜨거워진다.

쿠루미(くるみ) Tip

집에서 가족을 위해 서료서료 휴지를 접어줘 보자.

배려하는 습관을 기르는데 최고의 가정교육이 된다.

좋은 습관과 행동은 배워서 실천해보자.

생각의 방 ^{황혼·이혼}

화려한 도심 속에, 때로는 한적한 이곳에 와서 휴식을 가지고 자신에 대해서 생각하는 시간을 가지는 건 어떨까.

요즘, 60세의 황혼 이혼이 증가하고 있다.

일본에서 자녀 양육 의무를 끝내고 장년기에 접어들어 이혼을 하는 '황혼 이혼'의 폭풍이 몰아치고 있다. 남편은 돈만 벌어다 주면 되는 줄 알고, 가정을 챙기지 못하는 경우가 많다. 이것이 은퇴남편증후군(RHS: Retired Husband Syndrome)의 원인이 되는 것이다. 직장 생활에 몰입하다 보니 가정생활에 소홀했던 남편들이 퇴직을 하면서 하루 종일 집안에서 아내의 일을 지켜보며 간섭하기 시작한다. 갑자기 간섭을 받게 된 아내는 불행해지기 시작할 것이다.

부부가 만나서 자식 낳고 양육하는 동안에는 서로 공통된 의무에 매여 불행을 참고 견디지만 의무가 끝난 황혼기에는 참을 이유가 없어지는 셈이다. 남녀 간의 애정도 무덤덤해진 시기이므로 부부는 퇴직금을 반으로 나누어 결혼을 끝내고 홀가분한 솔로가 되어 살아가기로 결정하게 되는 것이다.

도시 속 오아시스

자연과 하나가 되는 이 순간.
물 한 컵으로 목의 갈증을 해소하고,
물 두 컵으로 심신의 여유를 찾고,
물 세 컵으로 옆 사람과 담소를 나눈다.
과연 도시 속 오아시스.

쉼(숙면)

최고의 쉼은 수면이다.
하루 7시간씩, 70년을 산다고 가정했을 때,
20년을 자면서 보낸다고 한다.
인생의 1/3은 잠을 자면서 보낸다.
본인에게 맞는 숙면을 찾아서 파워 숙면을 해보자.

도서 "4시간 반 숙면법(세계 제일의 수면 전문의가 가르쳐 주는)" -엔도 다쿠로

일본의 차문화

뜨거운 차를 마시는 것은 마음의 여유가 필요하다.
뜨거운 차를 음미하는 것은 시간의 여유가 필요하다.

성급하게 마시면, 차를 마실 수 없다.
차를 마신다는 것,
생각을 많이 한다는 것,
이야기를 자주 한다는 것.

쿠루미(くるみ)
TIP

우리나라와 중국은 찻잎을 솥에 덖어 가열하는 덖음차이다.
일본은 찻잎을 증기로 쪄서 만드는 증제차라고 한다.
전차(센차) 일본의 85%를 차지하는 일본 대표 일녹차이다.
번차(반차) 새싹이 자라 단단해진 줄기나 잎 등으로 만든, 하급 전차이다.
호우지차 하급 전차를 강한 불로 덖어 만든 차, 구수한 맛과 향이 특징이다.
현미차(겐마이차) 녹차에 쪄서 건조시킨 쌀이나 현미를 섞어 구수한 향과 맛을 낸
차이다.
옥로차(교쿠로차) 햇차의 새싹이 올라올 무렵 차광 재배를 해 찻잎의 떫은맛을 줄이
고 감칠맛을 늘린 고급차이다.

누군가 살고 있다

어느 나라나 사회의 그늘진 곳은 있다.
복지가 잘된 부자 나라라고 알려진 일본에도
이런 측면이 있었다.
재개발 지역, 아직 갈 곳을 못 정하고
삶의 터전이던 곳에 남은 사람들.
더 이상 전기와 물 공급이 없을 것 같은 그곳으로
저녁이 되자 사람들이 들어가고, 방에 불이 켜졌다.

얼마나 많은 집에 불이 켜지는지 지켜보았다.
2시간을 기다리는 동안 꽤 많은 집에 불이 켜졌다.
골목을 지나는 아파트 주민을 만나 물어보았다.
큰 카메라를 멘 내 모습을 본 주민은
경계의 눈빛을 보이더니 대답을 회피하고 가버렸다.
따뜻하고 모든 것이 갖춰진 집에서 사는 사람들이여.
모두가 행복해지는 세상을 만들기 위한
끊임없는 고민에 동참하시기를.

즐거운 놀이와 만두가 만났을 때

폐인이 되는 지름길?
오락과 만두가 만나서 먹고, 놀고, 먹고, 놀기를 반복하는 곳.
그러나 즐거움 100배가 된다.
배가 고프면 위에 올라가서 만두를 먹고,
다시 게임을 즐기는 것이다.
배고픔도 해결하고 놀이도 즐기니
집에 가기 싫은 게이머들의 천국이다.

그린 마케팅 껌종이

쓰고 버리는 것에 대해
더 세심한 노력을 기울여야
한다는 것을 우리는
언제부터 깨닫기 시작 한 걸까?
좀 더 일찍 깨닫고
애를 썼더라면 지구의 몸살을
피할 수 있었을까?
하다못해 작은 껌에 있어서도.
환경 보전은 작은 실천부터
시작이다.

20cm 가게

작은 틈새도 버려두지 않는다.
지하 통로 20cm 공간을 이용한 가게에는 없는 게 없다.
생각을 바꾸면 건물의 틈새도 점포가 될 수 있다.
서로 돕는 기업정신이 보인다.

일자리 창출과 소자본 창업 아이템이 용이한
20cm 가게.

만다라케(중고 체인점)

쓰던 물건이라도 손질하기에 따라

새 상품이 되는 중고 체인점 만다라케(まんだらけ).

보관, 세척, 관리 3박자가 잘 맞는다.

재활용이 아니다.

사용하기 위해 구입하는 사람에게는

새 상품. 상품의 느낌도 새것이다.

다시 쓰는 새 상품이니 가격은 저렴하다. 멋지다.

쿠루미(<3여)
Tip

만다라케는 지역별 만화 전문 중고 체인점이다.
코스프레, 장난감 등의 중고를 사고 팔 수 있다.
주로 오타쿠의 아지트라고도 한다.

주 소 大阪府大阪市北区堂山町9-28
찾아가는 법 지하철 미도수지선 우메다 역 12번 출구 or 13번 출구 도보 5
분 거리에 있다.
영업시간 12:00~20:00 **전 화** 06-6363-7777
홈페이지 www.mandarake.co.jp/ko

일본의 유카타(浴衣)

유카타와 기모노를 헷갈려하는 경우가 있는데,
유카타(浴衣) 또한 일본의 전통 의상 중 하나다.

일본 여관에서 목욕을 한 후나 본오도리, 불꽃놀이 등 축제 때
주로 입는다. 천이 한 겹으로 되어 간단하게 입을 수 있기 때문
에 여름에 자주 볼 수 있다. 다른 전통 의상처럼 소매가 넓고 솔
기가 바로 들어온다.
전통적으로 유카타는 대부분 남색으로 만들었지만, 요즘은 색
상과 디자인은 다양해졌다. 기모노와 마찬가지로, 젊은 사람들
이 더 밝은 색깔을 자주 입는 편이다.

게임콘텐츠 닌텐도, 파나소닉

게임은 몰입의 시간.
세상 안의 또 다른 세상으로 들어가는 것이다.
최대한 몰입할 수 있도록 서비스하는 것이
게임방 주인의 할 일!
그리고 적당한 때에 몰입에서 빠져나오게 도와주는 것도
주인의 할 일이다.

쿠후미(CHH)
Tip

닌텐도 본사(교토)와 파나소닉(오사카)이 있다.

Enjoy English

Enjoy English!
we make your dreams come true.

붓 터치 기법으로 동·서양이 만났다.
왠지 모르게 친근하게 느껴진다.
영어공부, 피할 수 없다면 즐겨라.
해병대 정신으로!
"Yes, we can."

ECC 영어학원 체인점(난바)
주 소 央区難波4-4-4 難波御堂筋センタービル10F
찾아가는 법 지하철 난바 역 10번 출구로 나가면 바로 앞에 보인다.
전 화 06-6633-7197

오사카의 저렴한 숙박, 비즈니스호텔 추천

3일에서 7일 이상 장기 예약을 할 경우 더 할인받을 수 있다.
싸고 청결하며 1인 1실도 있다.
홈페이지로 이메일 예약이 가능하다.
인터넷과 대중탕을 무료로 이용 가능하다.
아침 식사는 별도. 근처 마트에서 도시락을 사 먹는 것이 좋다.

* 오사카의 비즈니스호텔 츄오 그룹이 저렴한 비즈니스호텔로 여행객을 만족
  시키고 있다.

- **호텔 라이잔**

약 2100~4200엔
大阪市西成区太子 1-3-3 (1-3-3 Taishi, Nishinari-ku, Osaka-shi, Japan)
T. 06-6647-2168
www.chuogroup.jp/kita

- **호텔 중앙신관**

약 2300~6000엔
大阪市西成区太子 1-1-11 (1-1-11 Taishi, Nishinari-ku, Osaka)
T. 06-6647-2758

- **호텔 중앙(츄오 그룹)**

약 2300~5600엔
大阪市西成区太子 1-1-12 (1-1-12 Taishi Nishinari-ku Osaka-shi Japan)
T. 06-6647-7561

- 호텔 신세카이

약 1600~ 3000엔

大阪市西成区萩之茶屋1丁目13-1

T. 06-6641-9848

www.shinsekai.ne.jp/kikuya

- 호텔 미카도

약 2100~4200엔

www.mikado-e.co.jp

- 호텔 타이요

약 1800~3200엔

大阪市西成区太子 1-2-23 (1-2-23,TAISHI,NISHINARI-KU,OSAKA,JAPAN)

T. 06-6631-0802

- 호텔 토요

약 1000~1400엔

大阪市西成区太子 1-3-5 (1-3-5, Taishi, Nishinari, Osaka)

T. 06-6649-6348

- 위클리 나니와(Weekly NANIWA)

약 1300~2500엔

www.weekly-naniwa.com

大阪市西成区萩之茶屋2丁目7-24 (Osakacity nishinari-ku haginocyaya 2-7-24)

T. 06-6647-8882

#5
japan culture story

A man travels the world over in search of what he needs and
returns home to find it.   — George Moore

인간은 자신이 필요로 하는 것을 찾아 세계를 여행하고,
집에 돌아와 그것을 발견한다.

일상의 즐거운 일본문화심리

가장 훌륭한 사랑의 유형은 생명력을 나눠줄 수 있는 사이라고 할 수 있다.
서로의 생명력을 나누는 사랑의 가치는 이루 헤아릴 수조차 없다.

가슴 모양 젤리 돈키호테

원초적인 생명의 그릇 모형이며
여성의 심볼인 가슴을 표현한 간식 세트이다.
기발한 이 젤리는 꼭 2개를 사서 먹어야 한다.
재미와 자극을 함께 전달하는 제품이다.

쿠루미(くるみ)
Tip

생활용품의 모든 것 '돈키호테[ドン・キホーテ]' 체인

주 소 大阪府大阪市中央区宗右衛門町7-13

찾아가는 법 지하철 난바역 14번 출구 도보 5분 거리에 있다.

영업시간 AM10:00~AM5:00

전 화 06-4708-1411

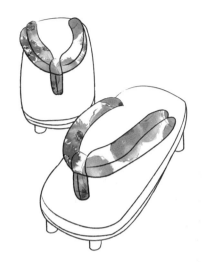

일본식 버선, 다비삭스

엄지발가락 덧신.
다비양말은 일본에서 처음 만든 양말, '다비삭스'라고 부른다.
다비는 일본식 버선이다. 전통의상을 입지 않더라도 이 양말을
찾는 이들이 많다. 다양한 디자인과 컬러가 출시되어 다비삭스
에 대해 생소한 외국인들에게도 인기가 많다.
기념이 된다면 하나쯤 소장하는 것도 좋을 듯하다.

디저트의 일본, 부드러운 푸딩

여행의 피로를 달콤함으로 풀어준다.
보면 먹을 수밖에 없는 일본식 푸딩, 어디에서나 눈에 띈다.
호박 맛, 우유 맛, 치즈 맛, 생크림푸딩 등 종류도 여러가지다.

일본에서는 디저트 중 푸딩을 상당히 즐겨 먹는 편이다.
유명한 푸딩가게가 아니더라도, 편의점에 파는 100엔 푸딩도 둘이 먹다 하나 죽어도 모를 정도로 맛이 기가 차다.
일본에 간다면 꼭 맛보길 권한다.

일본 銭湯
대중목욕탕

이카야키(오징어주이)

축제를 마쓰리라고 하는데,
마쓰리에 가면 볼거리도 많지만,
먹거리도 상당하다.

일본 먹거리 하면 유명한 타코야키, 야키소바도 있지만
오징어 통째로 구워 양념을 발라 놓은 이카야키도 꼭 먹어보자.
우리나라에서도 볼 수 있는 오징어이지만,
즐거운 축제 속에서 맛보는 이카야키는 단연 최고다!
저렴한 길거리 음식은 여행이 끝나고도 잊혀지지 않을 것이다.

줄 서는 문화, 일본

일본은 어디를 가도
인파들로 발 디딜 곳이 없다.

하다못해,
라면을 먹으러 라면가게를 가더라도
줄을 서야 한다.
침착하게 차례대로 줄 서서
기다리는 일본인들이 신기하지 않을 수 없다.
그 긴 줄에 서서 화내며 돌아가는 이 하나 없으니...

누구 하나 새치기하지 않고,
자기 차례를 묵묵히 웃으면서 기다리는 일본인!
감히 칭찬하고 싶다.

오사카 소에몬-초(宗右衛門町)

도톤보리 건너편
소에몬-초(宗右衛門町) 밤거리 풍경이 펼쳐진다.
클럽이나 유흥주점들이 밀집해 있다.
치안은 안전한 편이나, 밤이 되면 양쪽으로 늘어서서
행인을 유혹하는 사람들로 매우 혼잡하고,
미성년자 관람 불가의 포스터나 영상물도
쉽게 볼 수 있다.

미팅 바와 데이트 바

미성년은 출입할 수 없다.
일본은 여성을 직접 보여주지 않는다.
사진과 프로필을 보고 선택하도록 한다.

사진 속 그녀와 만날 수 있는 기회가 주어진 곳.
꼭 나쁜 곳만은 아니니,
일본의 밤 문화를 이곳에서도 느껴보자.

鹿せんべい

奈良愛護会

150円

과자 먹는 꽃사슴 `일본 나라공원`

나라현[奈良県]에 위치한 나라공원(Nara park, 奈良公園).
꽃사슴이 길거리에 자유롭게 돌아다닌다.

과자 센베(せんべい)를 사서, 사슴들에게 나눠주자.
센베를 향해 바로 모이는 사슴들을 볼 수 있다.
이렇게 가까이서 보는 사슴이 신기하고도 귀엽지만,
과자를 향해 달려드는 사슴은 조금 무섭기도 하다.
야생의 성질을 그대로 갖고 있는 사슴을
직접 만져볼 수 있어서 관광명소로 알려졌다.

일본 오사카 낭바 역에서 긴테츠 나라 역로 간다.
나라공원 출구로 나가면 된다. 소요시간은 40분 정도이다.

사람 사는 냄새

어느 나라를 여행하든,
그 나라의
재래시장에 꼭 들러보자.

그 나라
문화와 국민성을
한눈에 파악할 수 있다.

사람 사는 곳은
어디든 다 똑같다.

당신은 어떤 소원을

일본은 신사(神社)가 많다.
관광지로 외국 관광객들이 많이 찾지만,
모두가 그곳에 가면 약속한 듯 소원을 빈다.

일본인들은 선조나 자연을 숭배하는 토착 신앙을 가지고 있다.
하지만 종교라기보다는 조상의 유풍을 따라
가미(神:신)를 받들어 모시는 국민 신앙이라 할 수 있다.
이것도 하나의 일본 문화현상으로 볼 수 있다.

일본의 신사에 대한 호칭은 신사 외에도
신궁, 궁, 대사, 사 등으로 불리워지기도 한다.

일본에 왔다면, 신사에 가서 소원을 빌고 돌아가자.
가는 도중 이뤄질지도…

부록

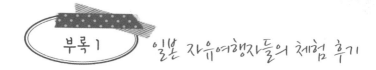

부록 1 　일본 자유여행자들의 체험 후기

쿠루미 타카오카(여)

串かつ 最上(kushikatu mogami, 구시카츠 모가미)
http://r.gnavi.co.jp/k012900/

텐진마츠리(tenjinmaturi)

http://www.tenjinsan.com/tjm.html

텐진마츠리는 오사카에서 가장 유명한 여름 축제이다. 일본의 3대 축제(도쿄의
간다마츠리, 교토의 기온마츠리) 중 하나이다. 텐진마츠리 축제는 오사카 텐만
구[大阪天満宮] 신사의 주최로 매년 7월 24일과 25일에 개최되며, 이틀간의 축
제기간 동안 약 100만 명의 방문객이 다녀간다고 한다.

PL花火 불꽃놀이(PL hanabi; PL 하나비)

http://www.t-ekimae.com/pl_flower.html

세계최대 규모의 'PL하나비'이다. 불꽃놀이가 일본어로 하나비이다. 매년 8월 초
에 행사가 있다. PL 평화타워, PL 병원, PL 컨트리클럽 등 PL이란 이니셜이 많
이 보인다. PL은 신흥종교집단을 말한다. 이 종교를 통해 완전한 자유를 얻을 수
있다는 의미이다.

kyouto arashiyama(교토 아라시야마)

http://www.kyotokanko.co.jp/sagano.html
http://kazenotabi-kyoto.com/courseguide/arashiyama-a.html

일본의 산과 골짜기가 풍경화처럼 자연경관이 멋있고, 아늑한 공간이다.

대나무 숲길에서 인력거를 타고 신 나게 달려보자. 일본어가 안 되면, 영어 가능한 친구로 선택하여 인력거를 타면 된다.

옛날 일본 상점이 줄지어 영업을 하고 있다. 집집마다 들어가 보고 구경하고, 물어보고, 먹어보자.

– 켄 수즈끼(남)

お好み焼き ぽんぽこ亭 (okonomiyaki ponpokotei, 오코노미야키 폰포코테이)
http://www.ponpocotei.com/

たこ焼 タコタコキング (takoyaki takotakoking, 타코야키 타코타코킹)
http://www.citydo.com/tako/chubu/0186.html

岸和田だんじり祭り (kishiwada danjiri maturi, 키시와다 단지리 마츠리)
http://www.city.kishiwada.osaka.jp/site/danjiri/

京都 祇園祭り (kyouto gion maturi, 쿄토 기온 마츠리)
http://www.gionmatsuri.jp/

野球チーム 阪神タイガース 야구팀 (hanshintaigasu, 한신타이가스)
http://hanshintigers.jp/

阪神甲子園スタジアム (hanshin koushien stadium)
http://www.hanshin.co.jp/koshien/

休み

우리는 대개 쉬는 것을 두려워하기도 한다. 남들에게 뒤처지기 싫어서일까.
오늘은, 그런 무거운 짐들을 모두 내려놓고 한 발짝 뒤로 물러나,
잠시 쉬다 가는 건 어떨까.

부록 2

Insight 일본 3박 4일 추천
— 오사카

키워드 내 멋대로 배낭여행, 스토리 여행, 국토대장정, 일본 문화체험여행

대   상 만 20세 이상 대학생그룹, 성인그룹

기   간 3박 4일(코스여행)   이 동 도보

차별화

 – 오감으로 느끼며 스스로 찾아다니는 인사이트 여행

   하루별, 시간별로 일정을 계획한 다음 그에 맞춰 이동하기

   (철저한 시간 개념 여행)

 – 사진만 열심히 찍어대는 여행은 이제 그만.

 • 마음의 여유를 가지고 보고, 듣고, 체험하라. mp3는 집에 두고 가라.

 – 책은 가볍게, 동전 지갑, 배낭, 전자사전, 운동화, 카메라, 사진명함을 준비한다.

1일째(출국일)

10:00 ~	인천(김포) 출발
13:00 ~	일본 공항 도착
16:00 ~	도부츠엔 마에 호텔 도착
17:00 ~	도부츠엔 마에 뒷골목 구경/쇼핑
	(토스트+햄+버터, 쨈, 크림치즈)+우유
18:00 ~	뒷골목 식사 선택
19:00 ~	근처 둘러보기(아이스크림 뜨거운 빵 간식 먹기)
20:00 ~	옥(玉)출(出) 슈퍼에서 구경 및 간식 사기
21:00 ~	호텔에서 욕탕 샤워하기(발 마사지)
22:00 ~	일본 TV 보기, 부모님께 전화하기, 기행문 작성, 사진 기록
23:00 ~	취침

2일째

시간	일정
08:00 ~	기상, 샤워하기
09:00 ~	아침 먹기(토스트+햄+버터, 쨈, 크림치즈)+우유
10:00 ~ 10:10	타운 구경(전자상가),
	kidsland, Play Station, 건담, 장난감 가게 방문
13:00 ~ 13:10	타운과 난파 역 가기 전 과자 도시락집에서 간식 먹기
14:00 ~	DVD 샵 건물 구경, 요리 기구(칼, 그릇) 골목길 구경
	대머리 아저씨 과자점 사진 찍기
15:00 ~	도톤보라 진입(킨류라면+무료 밥)
16:00 ~	도톤보리 유명 길거리 사진찍기(다리 위 사진)
17:00 ~	도톤보리 유명 타꼬야끼 먹기,
	신사이바시 구경 쇼핑(아메리카 무라)
19:30 ~	빅크리 돈키(함박스테이크) or 빼코짱(오무라이스+함박)

20:00 ~	신사이바시 한 바퀴 돌기
22:00 ~	야간 경치
	(도톤보리에서 10-10타운 지나서 도부츠엔 마에 뒷골목 거처가기)
23:00 ~	호텔 도착, 샤워하기(발 마사지)
23:30 ~	기행문작성, 일본 TV 보기
24:00 ~	취침

3일째 (귀국일)

08:00 ~	기상, 욕탕 샤워하기(발)
09:00 ~	아침 먹기(토스트+ 햄+ 버터, 쨈, 크림치즈) + 우유
10:00 ~	기행문 프린트해서 제출하기(노트북으로 써서 이멜로 보내기)
10:30 ~	체크아웃
11:30 ~	우메다 역 도착
12:00 ~	우메다 큰 서점 방문
13:00 ~	우메다 근처 점심 식사 (요시노야-소고기덮밥)
14:00 ~	우메다에서 공항으로 출발
17:00 ~	공항도착

4일째(추가 여행 시)

1일 소요	나라의 사슴공원(킨데츠 나라역 2번 출구)
1일 소요	교토의 아라시야마 텐류지(지하철 미도수지센 난바역에서 우메다역 하차, 한큐 급행으로 아라시야마역 하차)
1일 소요	유니버설 스튜디오+게이쇼[베티노마요네즈(오카마)]
1일 소요	아리마 온천+오사카 성 야경
1일 소요	나라+교토

일본문화를 신촌에서 피부로 직접 느낄 수 있는 공간(일본 국제교류
기금)이다. 일본 국제교류기금은 21개국에 23개 곳의 거점과 일
본 내 3개의 부속기관, 지부를 두고 있다. 한일 공동 문화사업
으로 '한일(韓日) 신시대(新時代)'를 외치는 일본 국제교류기금 이사
장 오구라 가즈오 씨는 한일 국민이 공동으로 문화사업을 기획,
실시하는 것을 촉진하기 위한 것이라고 한다.

일본국제교류기금 서울문화센터

'문화예술교류, 해외일본어교육, 일본연구 및 지적교류'로 폭넓은 활동을 전개하고 있
다. 일본영화를 무료로 관람할 수 있으며 2층은 문화정보실로 일본의 역사, 문화예술,
문학, 도서, 잡지, 멀티미디어 등 자료를 소장하고 있다. 별도의 가입비는 없다. 고등학
생 이상이면, 회원제로 이용이 가능하다.
http://www.jpf.or.kr/
서울 신촌역 3번출구 버티고 빌딩 2층, 3층
T.02-397-2820

한국시네마테크협의회 + 서울아트시네마

일본영화 정기 무료상영회, 영화작가를 만나고, 영화를 공부할 수 있는 곳이다.
영화제, 세미나 스케줄을 확인할 수 있다.
http://www.cinematheque.seoul.kr/
낙원상가 4층(종로3가 5번출구)
T. 02-741-9782

6센스를 춤추게 하는 창의적 상상력 자극법

"Switch off the sight, Switch oh the insight."
지금까지 일본사람들의 생활과 문화를 보고 창의적인 자극을 받았다. 한국에서도 창의적인 자극을 경험할 수 있는 공간이 생겼다. 세계적으로 유명한 체험 현장, 바로 '어둠 속의 대화(Dialogue in the dark)' 展이다.
'어둠 속의 대화'를 체험하면서 내 안에 잠재해있는 새로운 감각 능력을 찾게 되어 놀랐다. 타인과 사물에 대한 배려와 관찰의 기회를 가질 수 있는 성숙한 경험이었다.

"3번이나 관람하면서 시간의 흐름을 알아채지 못한 감각에 놀랐다. 보이지 않는 것은 하나의 기회이기도 하다."
빠른 시간 안에 어둠의 편안함을 느꼈다. 그리고 마지막에 빛을 발견한 순간, 불안하고, 겁이 났다. 시각 이외의 감각들이 사라지는 것이 아쉬웠기 때문이다.

요즘은 가끔 시각 이외의 감각을 느끼기 위해 어둠을 찾아 자유여행을 하기도 한다.

시각에 의존하지 않고 나머지 감각으로 판단하기 위한 연습을 한다. 모든 체험내용은 비공개이다. 공개 시 스스로 느낄 수 있는 상상과 자극은 사라지기 때문이다.

아무것도 묻지도 말고, 따지지도 말고, 느껴라!
보이는 것 그 이상을 봐라! 자유롭게 마음껏 상상하라!

쿠루미(CJ녀)
Tip

어둠 속의 대화(Dialogue in the Dark)
http://www.dialogueinthedark.co.kr
http://cafe.naver.com/dialogueinthedark
신촌 버티코(신촌역 3번출구) / ☎. 02-313-9977

1988년 독일에서 시작되어 전 세계 160개 도시에서 약 650만 명 이상이 다녀갔다. 유럽과 아시아 미국 등 전 세계 25개 도시에 상설 시장이 있다. 시각에 의존하여 살아가는 사람들에게 보이지 않는 세계에서의 인간의 가능성과 보이는 삶의 풍요로움을 감사하게 하는 새로운 감각 체험전입 시각을 배제한 다른 감각들로 익숙하지만 낯선 어둠 속에서, 진정한 소통을 체험해보라. ㈜엔비전스는 NHN㈜가 설립한 회사의 성장으로 소외계층의 고용 기회를 확대하기 위해 노력하는 사회적 기업이다.

부록 5

간단한 일본어 회화

안녕하세요. (아침)
おはようございます。
오하요-고자이마스

안녕하세요. (점심)
こんにちは。
곤니치와

안녕하세요. (저녁)
こんばんは。
곤방와

죄송합니다.
すみません。
스미마센

감사합니다.
ありがとうございます。
아리가토-고자이마스

주문할게요.
はい、注文ちゅうもんします。
추-몬시마스

가장 인기 있는 메뉴는 뭐예요?
いちばん人気にんきのあるメニューは何なんですか。
이치반 닌키노 아루 메뉴-와 난데스카?

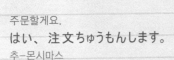

맛있어요.
おいしい。
오이시이

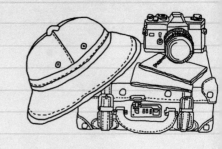

물 주세요.
お水みずください。
오미즈 구다사이

제가 한 잔 살게요.
私が1杯いっぱいごちそうします。
와타시가 잇파이 고치소-시마스

건배하십시다. 건배!
乾杯かんぱいしましょう。乾杯かんぱい！
간파이시마쇼- 간파이!

이거 공짜예요?
これ、無料むりょうですか。
고레 무료-데스카?

무료 지도가 있어요?
無料むりょうマップ、ありますか。
무료- 맛푸 아리마스카?

어떤 것이 가장 인기가 있어요?
何なにがいちばん人気にんきがありますか。
나니가 이치반 닌키가 아리마스카?

한 사람당 얼마예요?
1人ひとりいくらですか。
히토리 이쿠라데스카?

몇 시에 떠나요?
何時なんじに出発しゅっぱつですか。
난지니 슛파츠데스카?

언제, 어디에서 만나요?
いつ、どこで会あうんですか。
이츠, 도코데 아운데스카?

자유 시간을 줘요?
自由時間じゆうじかんありますか。
지유-지칸 아리마스카?

이건 얼마예요?
これ、いくらですか。
고레 이쿠라데스카?

좀 깎아 주세요.
安やすくしてください。
야스쿠시테 구다사이

비싸네요.
高たかいですね。
다카이데스네

모두 계산하면 9천 엔입니다.
全部ぜんぶで、9千円ごせんえんです。
젠부데 큐센엔데스

한국 돈도 받아요?
韓国かんこくのウォンは使つかえますか。
간코쿠노 원와 츠카에마스카?

무서워요!
怖こわい!
고와이!

진짜예요?!
ほんとうですか。
혼토―데스카?!

정말 즐거웠어요.
ほんとうに楽たのしかったです。
혼토―니 타노시캇타데스

깜짝 놀랐잖아요!
びっくりしました
빗쿠리시마시타!

기뻐요.
うれしいです。
우레시―데스

오늘 너무 재미있었어요.
すごくおもしろいです。
스고쿠 오모시로이데스

축하해요.
おめでとうございます
오메데토―고자이마스

환상적이에요.
すごいですね。
스고이데스네

시간 있으세요?
時間じかんありますか。
지칸 아리마스카?

전화번호 좀 알려 주시겠어요?
電話番号でんわばんごう、教おしえてくれませんか。
덴와반고- 오시에테 구레마센카?

당신을 사랑합니다.
あなたのことが好すきです。
아나타노 고토가 스키데스

당신을 좋아해요.
あなたが好すきです。
아나타가 스키데스

키스해 주세요.
キスしてください。
키스시테 구다사이

저와 결혼해 주시겠어요?
私わたしと結婚けっこんしてくれませんか。
와타시토 겟콘시테 구레마스카?

눈이 정말 예쁘세요.
目めがとてもきれいです。
메가 도테모 기레-데스

제가 바래다 드릴게요.
私わたしが送おくります。
와타시가 오쿠리마스

남자친구 있습니까?

ボーイフレンド いますか。

보-이후렌도 이마스까?

여자친구 있습니까?

ガールフレンド いますか。

가-루후렌도 이마스까?

요리를 잘 하세요?

料理りょうり、上手じょうずですか。

료-리 조-즈데스카?

늦어서 미안해요.

遅おくれて、すみません。

오쿠레테 스미마셍

아파요.

痛いたいです。

이타이데스

화장실은 어디예요?

トイレ、どこですか。

토이레 도코데스카?

250

맛과 건강이 흐르는 섬 –

오키나와
Okinawa

여행상품 문의
(주) 히스토리
02.508.4649

여행과 건강을 동시에, 오키나와 헬시에이징 4일

기간	3박 4일
이용항공	국적기 (아시아나 or 대한항공)
출발	히스토리 문의
금액	1,850,000원~ (기간별 상이)

※ 포함사항: 항공료, 호텔(2인실), 전일정 식사, 차량 가이드, 여행자보험, 치유 프로그램, 장수마을 방문

장수마을 어르신들과의 대화
오기미손 마을 체험

기네스북 등재 천일염
누찌마스 소금공장

느림의 미학, 자유로운 힐링타임
츠보야 거리

괜찮아, 사랑이야° 촬영지
강가라노타니

몸전체를
건강하게 이끄는 법
류큐온열치료

음식이 곧 약,
먹는 즐거움
류큐요리

Okinawa
Diving

making people happy through food

Enjoy MOS BURGER

사이트맵

| MOS Burger | MOS Menu | MOS Shop | NEWS/EVENT | Global MOS Burger |

MOS Burger

모스버거에 관하여

모스버거 코리아

모스버거 코리아

🏠 홈 > MOS Buger > 모스버거 코리아

Peach Aviation[Korea]
좋아요 6,023명 · 이야기하고 있는 사람 4,486명

운송/화물
피치항공(Peach Aviation) 공식 페이스북 페이지입니다.

내 소개 - 편집 제안

👍 6,023

사진   좋아요   Guideline (Korea)

다이소   회사소개   상품안내   매장안내   가맹개설안내   사이버홍보실   고객센터   CONTACT US | SITEMAP | ENGLISH

FUGETSU NEWS MENU STORE FRANCHISE RECRUIT SHOP
후게츠소개

FUGETSU

후게츠소개

후게츠의 역사

60년 전 쯔루하시 후게츠는 오사카의 코리아 타운 '쯔루하시'라는 지역에서 고객을 맞이하여 지금까지 맛과 전통을 모토로 고객을 모시고 있습니다.

특히 오사카에서의 인기는 대단히 높고 창업 60년간 간사이 지방에서 최고로 번성한 점포로 랭크되어 있습니다.

현재 일본 전국의 총점포수는 130여개(2012년 현재)의 점포로서 오코노미야끼 체인점으로서는 인기, 지명도 NO.1 으로 "일본 전통의 맛을 세계로..."라는 신념으로 열심히 임하고 있습니다.

오코노미야끼의 진실한 맛을 한국의 미식가 여러분께 알리고자 한국에 진출하게 되었습니다.

60th
OKONOMI
YAKI

COUPON

오코노미야끼를 주문하시고 이 쿠폰을 제시하시면

야끼소바 무료

- 쿠폰 단독으로는 사용이 불가 합니다.
- 타 쿠폰과 중복 사용이 불가 합니다.
- 테이블 당 1매 이상 사용 불가 합니다.
- 다른 메뉴로 변경이 불가 합니다.
- 아래 지점에서만 사용 가능 합니다.

명동점 02.3789.5920
서울시 중구 명동2가 32-27 해암빌딩 2F

홍대점 02.323.5921
서울시 마포구 서교동 어울마당로 44-1 라꼼마빌딩 2F

신촌점 02.3144.4981
서울시 서대문구 창천동 33-27 대성빌딩 2F